U0898125

化学驱高黏油藏大幅度提高采收率技术

Greatly Enhanced Oil Recovery Technology for High-Viscosity Reservoirs by Chemical Flooding

曹绪龙　祝仰文　元福卿　郭兰磊
王红艳　魏翠华　徐　辉　编著

科 学 出 版 社
北　京

内 容 简 介

本书以国家科技重大专项的科研成果为基础，针对高黏油藏“指进”严重、原油启动难度大、常规化学驱技术提高采收率幅度有限的难题，以化学复合驱油理论为基础，以驱油剂和驱油体系研发为核心，以数值模拟技术、驱油剂评价技术和配套工艺技术为重点，对化学复合驱油理论认识突破、适合高黏油藏驱油体系研发、适合高黏油藏数值模拟技术和配套工艺技术进行了详细论述。

本书可供从事化学驱提高采收率的基础研究人员及驱油用化学剂研发人员参考，也可供油田科技人员及石油院校师生参考。

图书在版编目(CIP)数据

化学驱高黏油藏大幅度提高采收率技术=Greatly Enhanced Oil Recovery Technology for High-Viscosity Reservoirs by Chemical Flooding / 曹绪龙等编著. —北京：科学出版社，2021.8

ISBN 978-7-03-067105-9

Ⅰ. ①化…　Ⅱ. ①曹…　Ⅲ. ①化学驱油-提高采收率-研究　Ⅳ. ①TE357

中国版本图书馆CIP数据核字(2020)第239596号

责任编辑：耿建业　冯晓利 / 责任校对：杜子昂
责任印制：吴兆东 / 封面设计：无极书装

科 学 出 版 社 出版
北京东黄城根北街 16 号
邮政编码: 100717
http://www.sciencep.com

北京中石油彩色印刷有限责任公司 印刷
科学出版社发行　各地新华书店经销
*
2021 年 8 月第　一　版　开本：720 × 1000　1/16
2021 年 8 月第一次印刷　印张：9 3/4
字数：200 000

定价：120.00 元

(如有印装质量问题，我社负责调换)

前　言

20 世纪 80 年代中期出现的化学复合驱技术，一直受到国内外研究工作者的广泛重视，被认为是继聚合物驱技术以后一种更具潜力和前途的三次采油技术。在石油开发技术不断发展的今天，化学驱技术作为重要的采油技术在油田增储、上产中越来越受到重视，目前胜利油田实施化学驱累计产油 7000t，随着化学驱油技术的进步，驱油阵地不断拓展，化学驱油技术还会有更广阔的前景。

本书以胜利油田化学驱实践为基础，针对高黏油藏开发中存在的主要问题，从化学复合驱油理论出发，研究了高黏油藏化学驱大幅度提高采收率的机理，适合高黏油藏的化学复合驱油体系研制、化学驱配套技术研究和现场应用。全书共五章，在编写过程中力求做到系统性、科学性和实用性的统一。在叙述上力求深入浅出，其主要成果来源于胜利油田化学驱技术研究及现场应用成果，同时吸收了国内外同行近年来研究的最新成果。

本书由曹绪龙、祝仰文、元福卿和郭兰磊统编定稿，王红艳、魏翠华、徐辉等参与了部分内容的编写和校对，在编著过程中得到了胜利油田勘探开发研究院的大力支持，胜利油田化学驱油技术研究人员给予了帮助和指导，孤岛采油厂的现场实施人员提供了大量的实施动态资料，本书是胜利油田化学驱广大科技工作者集体智慧的结晶，在此表示衷心的感谢！

由于化学驱是一门应用面广又不断发展中的科学，同时由于材料科学的快速进步，化学驱新技术新方法不断涌现，而作者水平有限，难免存在疏漏之处，敬请各位读者批评指正。

编　者

2021 年 7 月

目　录

第一章　化学驱高黏油藏提高采收率机理

自中华人民共和国成立以来，石油工业迅猛发展，探明已开发油气资源的平均采油率接近世界先进水平。但由于我国人均占有油气资源量相对较低，仍是一个油气资源匮乏的国家。自 1993 年成为石油净进口国后，2019 年我国原油消耗对外依存度已接近 70%。为保持国内油气资源自给量的较高份额，不断提高已开发资源的采收率，石油开发科技人员为之不断努力，其发展方向就是三次采油技术。自“九五”以来，以大庆、胜利两大油田聚合物驱为代表的三次采油技术得到工业化应用。到“十五”时期末，年产原油 1500×10^4t 以上(不含重油)，约占国内原油总产量的 8.7%。三次采油已成为高含水期油田持续高效开发的一项主导技术。

随着化学驱技术应用规模的不断扩大，化学驱发展面临优质资源不足的挑战。例如，胜利油田到“十二五”时期末，Ⅰ、Ⅱ类剩余可动储量只有 3000×10^4t，资源接替不足。根据聚合物驱的动态变化特点，在见效高峰期以后年产量递减达 25%～30%，弥补这部分产量需提前两年投入相当规模的储量。胜利油田聚合物驱油藏条件、井网井况适用性较好的Ⅰ、Ⅱ类优质资源动用率已超过 90%，对三次采油的持续稳定发展极为不利。

依据化学驱筛选评价标准，国内外通行的地层原油黏度小于 100mPa·s，如 1984 年美国能源部颁布的 NPC 标准。对于地层原油黏度为 100～500mPa·s 的普通稠油油藏统称为化学驱高黏油藏。化学驱高黏油藏稠油资源十分丰富，主要分布在加拿大、美国、委内瑞拉和中国。随着经济社会的不断发展，对石油的消耗逐年增加，成功开采化学驱高黏油藏资源变得越来越重要。对于高黏油藏，一次采油后主要采用注水和蒸汽热采开发，水驱水油流度比高，导致波及效率较低，一般只能采出石油原始地质储量(OIIP)的 5%～10%；热采方法中最成功的是蒸汽吞吐和蒸汽辅助重力驱油(SAGD)技术。热采开发的主要原理是降低原油黏度，提高其流度，此类技术对厚油层和没有底水时非常有效。当油层太薄(小于 10m)和埋藏太深(大于 1000m)，或存在底水时，热量损失严重，制约热采技术的应用，同时在热采后期油气比降低，经济效益变差，因此需要转换开发方式，探索非热采方法，提高高黏油藏采收率方法。

聚合物驱研究始于美国，于 20 世纪 70 年代应用到现场，可提高原油采收率 9%以上。其提高采收率的主要机理是降低水油流度比，提高波及效率。国内聚合物驱技术相继在大庆、胜利、渤海油田等得到应用，配套技术也得到了较快发展，聚合物驱技术已较为成熟地应用到开采普通原油。20 世纪末美国学者研究聚合物驱现场应用时认为，聚合物驱适用于油藏原油黏度最大为 126mPa·s，对于更高黏度油藏，聚合物改善水油流度比有限，导致驱替相“指进”严重，提高采收率幅度远低于常规黏度油藏。聚合物/表面活性剂二元复合驱是一种可以充分发挥表面活性剂和聚合物的协同作用来提高原油采收率的方法。二元复合驱充分利用稀体系表面活性剂溶液和聚合物的协同作用，驱油显著地优于单一的聚合物驱或表面活性剂驱。但对于地层原油黏度超过 150mPa·s 的高黏油藏，二元复合驱室内试验提高采收率不足 10%，而对于常规黏度原油，提高采收率 20%以上。聚合物驱技术和二元复合驱技术已经成为我国主要的大幅度提高原油采收率的技术方法。

随着化学驱油理论认识的进步，胜利油田研发了适合高黏油藏大幅度提高采收率的高效化学复合驱体系，建立了高黏原油化学复合驱方法，并完善配套高黏油藏化学复合驱提高采收率技术，成功地将化学驱应用于原油黏度为 100～500mPa·s 的油藏，到 2019 年底，高黏油藏化学复合驱技术已应用 8 个单元，动用储量 7220×10^4t，已累计增油 487×10^4t，累计产油 816×10^4t，增加可采储量 823×10^4t。连续 5 年年产油保持在 100×10^4t 以上，占胜利油田化学驱年产油的 41%；年增油 50×10^4t 以上，占 55%；年增加可采储量 83×10^4t，占油田老区的 7.9%，取得显著效果和经济效益。胜利油田有高黏油藏化学驱资源 3.7×10^8t，可增加可采储量 3960×10^4t。高黏油藏化学驱油技术已经成为胜利油田老油田大幅度提高采收率的主导技术之一，为胜利油田稳产发挥重要的支撑作用，并且该项技术的突破也给国内外同类型油藏提高采收率提供重要的指导作用。

第一节　复合驱油理论

原油采收率是采出地下原油原始储量的百分数，即采出的原油量与原始地质储量的比值，是一个油田的油藏地质、流体性质和相应的开采措施的综合指标，它取决于驱油剂在油藏中的波及体积和驱油效率，可表示为

$$E_R=\frac{N_p}{N}=E_VE_D \tag{1-1}$$

式中，E_R 为原油采收率，%；N_p 为采出油量，10^4t；N 为原始地质储量，10^4t；E_V 为波及效率，即驱油剂在油藏中波及的孔隙体积与油藏总孔隙体积的比值，%；E_D 为驱油效率，即驱油剂波及范围内所驱替出的原油体积与总含油体积的比值，%。

目前，采油主要是利用向油层注入水的方法进行驱油。由于油层的非均质及水油的黏度差，使注入水前缘不规则，地层中有些部位没有受到水的波及，另外

在水波及的区域，油并没有全部被驱走，使一些油残留在孔隙中。因此，要提高原油的采收率主要从扩大波及效率和提高驱油效率这两个方面着手。

复合驱比单一驱油方法采收率更高，主要是由于复合驱中的聚合物和表面活性剂之间有协同效应，它们在其中起着各自的作用。聚合物的作用是：①改善表面活性剂溶液对油的流度比；②对驱油介质的稠化，可减小表面活性剂的扩散速度，从而减小它们的损耗；③可与钙、镁离子反应，保护了表面活性剂，使它不易形成低表面活性的钙、镁盐；④提高表面活性剂所形成的水包油乳状液的稳定性，使波及效率和洗油能力有较大提高。表面活性剂的作用是：①可以降低聚合物溶液与油的界面张力，提高洗油能力；②可使油乳化，提高驱油介质的黏度；③若表面活性剂与聚合物形成络合结构，可提高聚合物的增黏能力。

一、波及效率

驱油剂在油藏中波及的孔隙体积与油藏总孔隙体积的比值(波及效率)E_V 可以分解为纵向波及效率和平面波及效率的乘积：

$$E_V=E_AE_I \tag{1-2}$$

式中，E_A 为平面波及效率，即驱油剂波及的面积与注入井和生产井控制的含油面积之比；E_I 为纵向波及效率，即驱油剂在垂向上波及的厚度与油层总厚度之比。

影响波及效率的因素主要如下。

(一)油藏岩石的非均质性

油层的非均质性可以分为垂直剖面上、平面上的岩石渗透率差异及分布，储油层间的岩石渗透率差别及分布一般用储油层岩石变异系数 V_{DP} 表示，V_{DP} 的变化范围为 0～1，绝对均匀的岩层 V_{DP}=1。我国主要油田如大庆、胜利、大港等油田的 V_{DP} 一般为 0.6～0.7。

油层渗透率在垂直剖面上的非均质性将导致油层水淹厚度不均一。因注入水沿不同渗透率层段推进速度快慢各异，当渗透率级差增大时，常常出现明显的单层突进，高渗透层见水早，造成水淹厚度小，波及效率低。

渗透率在平面上的各向非均质性导致平面上水线推进不均匀，使有的水井过早见水和水淹。

(二)储层中驱替相与被驱替相之间流动的差异

流体在多孔介质中的流动能力可以用流度来表示：

$$\lambda = \frac{K_{\mathrm{L}}}{\mu_{\mathrm{L}}} \tag{1-3}$$

式中，λ为流体的流度；K_{L}为流体的有效渗透率，$10^{-3}\mu\mathrm{m}^2$；μ_{L}为流体的黏度，mPa·s。

驱替相和被驱替相间的流度关系用流度比表示。水驱时：

$$M = \frac{\lambda_{\mathrm{w}}}{\lambda_{\mathrm{o}}} = \frac{K_{\mathrm{rw}}}{K_{\mathrm{ro}}}\frac{\mu_{\mathrm{o}}}{\mu_{\mathrm{w}}} \tag{1-4}$$

式中，M为水驱油时的流度比；λ_{o}为油的流度；λ_{w}为水的流度；K_{ro}为油的相对渗透率；K_{rw}为水的相对渗透率；μ_{o}为油的黏度；μ_{w}为水的黏度。

当水的流动能力小于原油的流动能力时，即$M<1$，驱替是在有利的情况下进行，则波及效率高；反之，当$M>1$，即水的流动能力大于原油的流动能力时，驱替是在不利的情况下进行的，这时，将发生“指进”现象。

在水中加入聚合物后，驱替相的黏度明显增大，从而降低了水油流度比，克服了驱替相的“指进”，使平面推进更加均匀，从而提高了平面波及效率。聚合物驱过程中的流度比可表示为

$$M_{\mathrm{po}} = \frac{\lambda_{\mathrm{p}}}{\lambda_{\mathrm{t}}} = \frac{\dfrac{K_{\mathrm{rp}}}{\mu_{\mathrm{p}}}}{\dfrac{K_{\mathrm{ro}}}{\mu_{\mathrm{o}}} + \dfrac{K_{\mathrm{rw}}}{\mu_{\mathrm{w}}}} \tag{1-5}$$

式中，M_{po}为聚合物溶液驱油时的流度比；λ_{p}为聚合物溶液的流度；λ_{t}为油水混合带的流度；K_{rp}为聚合物溶液的相对渗透率；μ_{p}为聚合物溶液的黏度。

同时，在纵向上聚合物溶液仍然首先进入渗透性最好的高渗透层，并沿阻力相对较小的大孔道渗流。但由于一方面聚合物在孔壁上的吸附，有效可流动半径减小；另一方面聚合物溶液黏度大，具有较大的摩擦阻力，造成渗流阻力增加，迫使注入的聚合物溶液进入中低渗透层和由高渗透层向相邻的中低渗透层波及，从而改善纵向波及效率，增加吸水厚度，最终提高原油采收率。

二、驱油效率

驱油效率E_{D}可表示为

$$E_{\mathrm{D}} = \frac{\text{被驱出的油量}}{\text{驱油剂波及的油层}} = 1 - \frac{\overline{S}_{\mathrm{o}}}{S_{\mathrm{oi}}} \tag{1-6}$$

式中，$\overline{S}_o$为油层孔隙中目前平均含油饱和度；S_{oi}为油层孔隙中原始含油饱和度。

驱油效率与原油在岩石孔隙中的分布状态有关。原油在岩石孔隙中通常与束缚水共存，因此，孔隙中存在油-水、油-岩石、水-岩石的复杂界面现象，在水驱过程中便出现毛细管滞留现象，使滞留的原油以油滴、油块、油膜的形式分布于孔喉、孔壁。为描述岩石中滞留的油在驱替液驱替过程的运动关系，岩石中滞留的油在驱替液驱替过程的运动关系用毛细管准数(以下简称毛细管数)描述，定义如下：

$$N_c = \frac{\text{黏滞力}}{\text{毛细管力}} = \frac{V\mu_{\text{驱替相}}}{\sigma} \tag{1-7}$$

式中，N_c为毛细管数；V为注入流体的达西速度；$\mu_{\text{驱替相}}$为注入流体黏度；σ为油水界面张力。

为确定胜利油藏条件下驱油体系最低界面张力，通过三种方法进行研究。

(一) 通过孔隙介质毛细管压力确定

在二相渗流过程中，每一个有两相存在的毛细孔隙中，都同时存在着黏滞力和毛细管力，可以用毛细管数的大小来表征二相渗流过程中动力和阻力的相对影响，即黏滞力与毛细管力的相对影响。它决定着不同毛细管中油滴的不同运动状态、滞留位置和滞留油滴的大小。在特定的孔隙介质中，对于存在不同孔隙、不同大小的油滴，其能否开始移动，都直接和毛细管数N_c的大小有关，即和黏滞力与毛细管力哪一个占优势以及占优势的程度如何有关。

胜利孤东七区西Ng_5^4—Ng_6^1层油藏条件下，毛细管数的计算如下：

$$N_c=\mu_w v/\sigma=(0.00444\times 0.002314)/17.5\approx 5.9\times 10^{-7}$$

式中，μ_w为水的黏度；v为水线推进速度。

在这种条件下，要使一个油滴活化遇到的阻力假设如下：

假设砂岩孔隙的喉道半径r大约为5μm，设一油滴的长度约为孔喉的20倍，即$L=1\times 10^{-2}$cm，则该油滴在喉道的毛细管压力梯度可近似表示为

$$\mathrm{d}P_c/\mathrm{d}L=2\sigma/(rL)=(2\times 17.5)/(5\times 10^{-4}\times 10^{-2})=7.0\times 10^6\text{Pa/cm}$$

在目前工艺条件下，胜利油田一般水驱所能达到的压力梯度大约为355Pa/cm，远小于使上述油滴活化所需要的压力梯度数值。

当驱动压力梯度大于或等于毛细管压力梯度时，束缚油滴开始活化，即当

$dP/dx \geqslant dP_c/dL$ 时，油滴活化。其中：

$$dP/dx=355\text{Pa/cm}$$

$$P_c=2\sigma/r=dP/dx\times L=355\times 10^{-2}=3.55\text{Pa}$$

$$\sigma=8.9\times 10^{-3}\text{mN/m}$$

（二）通过毛细管减饱和度曲线（CDC）确定

由毛细管数与驱油效率、剩余油饱和度曲线（图 1-1）可知，随着 N_c 的增大，驱油效率 η 增加：当 $N_c=10^{-6}$，η 为 60%；当 $N_c=10^{-2}$，η 高达 90%。当 $\sigma=5.0\times 10^{-3}$mN/m 时，

$$N_c=\mu_w v/\sigma=(0.00444\times 0.002314)/(5.0\times 10^{-3})\approx 2.1\times 10^{-3}$$

此时，驱油效率 η 约为 80%。

最大限度地追求高驱油效率是复合驱配方设计的要求。在考虑技术及经济条件的前提下，确定界面张力值为 5.0×10^{-3}mN/m。

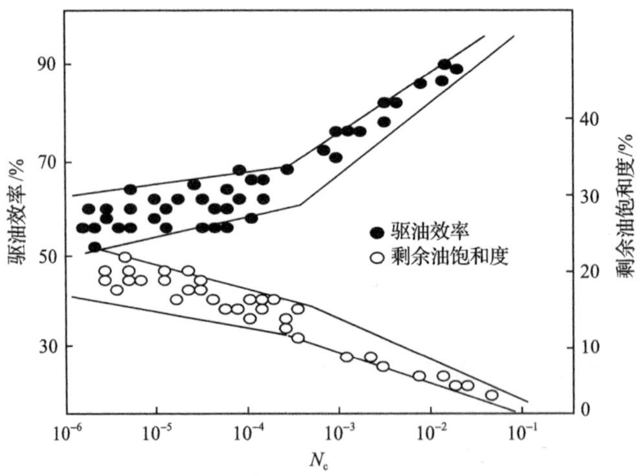

图 1-1 毛细管数与驱油效率和剩余油饱和度关系

（三）通过物理模拟试验结果确定

图 1-2 是单一聚合物驱与二元驱含水率变化与提高采收率对比曲线，结果表明：二元驱提高采收率要高于单一聚合物驱与单一活性剂驱的和。二元驱含水变化比单一聚合物驱漏斗宽，最低含水点低。

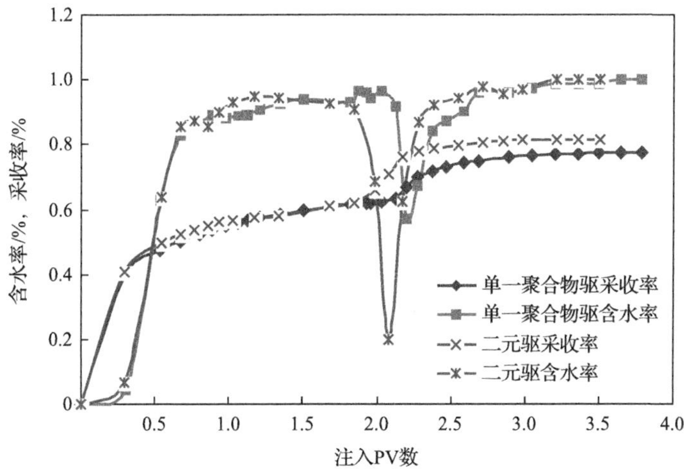

图 1-2　单一聚合物驱与二元驱采收率与含水率变化

PV 数表示孔隙体积的倍数

由表 1-1、表 1-2 结果可以看出，界面张力大小对均质模型提高采收率幅度影响明显。表 1-1 中界面张力由 2.5×10^{-2}mN/m 降到 5.9×10^{-3}mN/m 时，对应提高采收率幅度由 17.4%提高到 21.7%。油水间界面张力再降低，其提高采收率幅度还继续增加，这点与 CDC 曲线结果相符。

表 1-1　不同界面张力体系对驱油效率的影响

模型编号	注入体系	注入段塞 PV 数	界面张力/(mN/m)	提高采收率/%(OOIP)
GD-1	0.15%PAM	0.3		11.6
GD-4	0.3%PS+0.15%PAM +1.2%Na_2CO_3	0.3	2.5×10^{-2}	17.4
GD-7	0.3% BSE+0.15%PAM +1.2%Na_2CO_3	0.3	5.9×10^{-3}	21.7
GD-11	0.2% BSE+0.1% PS +0.15%PAM+1.2%Na_2CO_3	0.3	7.8×10^{-4}	26.3

注：PAM-丙烯酰胺；PS-磺酸盐型表面活性剂；BSE-甜菜碱型表面活性剂。

表 1-2　不同界面张力体系二元驱与单一聚合物驱对比

参数	模型注入配方			
	单一 0.15%P	0.3%SLPS+0.1%助剂+0.15%P	0.3%SLPS+0.3%助剂+0.15%P	0.1%SLPS+0.3%助剂+0.15%P
界面张力/(mN/m)		2.6×10^{-2}	6.2×10^{-3}	2.2×10^{-3}
孔隙体积/%	51.85	51.45	51.20	51.75
原油饱和度/%	43.0	43.0	43.5	43.0
无水采收率/%	40.2	45.1	41.6	40.7
预测水驱采收率/%	65.5	64.1	62.9	63.6
最终采收率/%	77.4	77.0	78.4	80.0
提高采收率/%	11.9	12.9	15.5	16.4

注：P-聚合物；SLPS-石油磺酸盐。

通过上述三种方法，在充分考虑技术和经济的情况下，提出胜利油田油藏条件下，若达到提高驱油效率要求，则界面张力(interfacial tension, IFT)值应低于 8.0×10^{-3}mN/m。但是应当注意的是，对于实际的非均质油藏，IFT 值低并不意味着提高采收率幅度高。IFT 值低只是必要条件而非充要条件。这是因为 IFT 值降低，使毛细管阻力减小，流体在多孔介质中窜流会增强。从提高采收率的实际出发，必须考虑波及体积。胜利油田油藏条件下，界面张力在低于 8.0×10^{-3}mN/m 的同时，还应最大限度地扩大波及体积。将上述二者结合起来，才能最大限度地提高采收率。

第二节　高黏油藏化学驱机理

一、分子模拟

(一)复杂油水体系分子模拟方法

理论分析、实验测定和模拟计算已成为现代科学研究的三种主要方法。分子模拟既不是实验方法也不是理论方法，它是在实验的基础上，通过基本原理，构筑起一套模型与算法，从而计算出合理的分子结构与分子行为。凭借着合理的分子结构模型与物理原理，按部就班地计算出客观事物的过程与结果。

如何将分子模拟技术有效地应用于表面活性剂体系，从而以微观的角度来理解和预测体系的性质和行为，是当前人们研究和探索的热点。目前，分子模拟主要从两个层次上来研究：其一是从微观的尺度上，将表面活性剂、水、油等分子在原子尺度上表达出来，这种模拟的计算量非常大；其二是基于介观尺度上的模拟，将表面活性剂、水、油等分子抽象成粒子簇，用单个珠子或由谐振动弹簧相连的一系列珠子来代替，从而可在更大的时间尺度和空间尺度上研究体系的各种性质。选用哪一层次上的模拟方法主要由体系的最小时间单位决定。

1. 耗散颗粒动力学模拟

在复杂流体体系中，许多现象产生于介观的时间尺度和空间尺度上，然而常规的分子动力学模拟受限于微观的时间尺度和空间尺度。因而，可用粗粒模型来简化微观模型并保留其物性。耗散颗粒动力学(dissipative particle dynamics, DPD)是 Hoogerbrugge 和 Koelman[1]提出的一种新型的计算机模拟方法，它把分子动力学与晶格气体自动控制方法有机结合起来，是针对复杂流体的介观层次的模拟方法。该方法的出发点是积分牛顿运动方程，用一系列的珠子代替体系中的原子簇或分子簇，利用柔性势能函数进行能量计算，并通过运动方程和三种作用力来描述这些珠子的运动轨迹。

(1)珠子之间的保守成对力(代表微观粒子的聚集)是柔性排斥力，它使得模拟可在更大的时间尺度上进行。

(2)根据耗散力和随机力，执行特殊的 DPD 恒温器，使得动量局部守恒，导致水合动力学流体效应在宏观尺度上的出现。

DPD 方法是连接原子模拟与介观模拟的桥梁，模拟中的基本颗粒是珠子，珠子的动力学行为遵守牛顿运动方程：

$$\frac{\mathrm{d}r_i}{\mathrm{d}t}=v_i\,,\quad m_i\frac{\mathrm{d}v_i}{\mathrm{d}t}=f_i \tag{1-8}$$

式中，r_i、v_i、m_i、f_i分别代表珠子 i 的位置、速度、质量和珠子所受的作用力。

为简化起见，在 DPD 模拟中，珠子的质量均定义为 1 个 DPD 单位。每个珠子所受到的力可分为三部分：保守力(conservative interaction force，与珠子之间的分离呈线性关系)、耗散力(dissipative interaction force，与两个珠子的相对速度有关)和随机力(random force，任意珠子和与之相接触珠子之间的相互作用)，则第 i 个珠子在截断半径 r_{c} 内所受到的力为

$$f_i=\sum_{j\neq i}(F_{ij}^{C}+F_{ij}^{D}+F_{ij}^{R}) \tag{1-9}$$

式中，F_{ij}^{C}、F_{ij}^{D} 和 F_{ij}^{R} 分别为保守力、耗散力和随机力。

粒子所受到的三种力的大小和方向由粒子所在位置的坐标决定，该粒子与其他粒子是否有相互作用由截断半径 r_{c} 决定(DPD 模拟中，定义 r_{c}=1DPD 单位)。

保守力是沿中心线方向的一种柔性排斥力：

$$F_{ij}^{C}=-a_{ij}\left(1-\left|r_{ij}\right|\right)\hat{r}_{ij}\,,\qquad r_{ij}\leqslant 1 \tag{1-10}$$

式中，a_{ij} 为粒子 i 和 j 之间的最大排斥力；$r_{ij}=r_i-r_j$；$\hat{r}_{ij}=r_{ij}/\left|r_{ij}\right|$。

耗散力正比于两个珠子之间的相对速度，其目的是减小相对矢量：

$$F_{ij}^{D}=-\gamma\omega^{D}(r_{ij})(\hat{r}_{ij}v_{ij})\hat{r}_{ij}\,,\qquad r_{ij}\leqslant 1 \tag{1-11}$$

式中，γ 为摩擦系数；$\omega^{D}(r_{ij})$ 为与 r 有关的短程权重函数；$v_{ij}=v_i-v_j$，是珠子 i 与珠子 j 之间的速度差值。耗散力能够保证每成对粒子的动量守恒，从而保证整个体系的动量守恒。

所有成对珠子之间的随机力在模拟体系中充当热源，向体系提供能量：

$$F_{ij}^{R}=A\omega^{R}(r_{ij})\xi_{ij}\hat{r}_{ij}\,,\qquad r_{ij}\leqslant 1 \tag{1-12}$$

式中，A 为噪声振幅；$\omega^{R}(r_{ij})$ 为与 r 有关的权重函数；ξ_{ij} 为 0～1 的随机变量，

符合高斯统计力学：$\left\langle \xi_{ij}(t) \right\rangle = 0$ 和 $\left\langle \xi_{ij}(t)\xi_{kl}(t') \right\rangle = (\delta_{ik}\delta_{jl} + \delta_{il}\delta_{jk})\delta(t-t')$ 。

在耗散力和随机力的表达式中，Espanol 和 Warren[2]推导了两个权重函数的关系式：

$$\omega^D(r) = \left[\omega^R(r)\right]^2, \quad \omega^R(r) = 1 - r_{ij}, \qquad r_{ij} \leqslant 1 \tag{1-13}$$

$$\sigma^2 = 2\gamma k_{\rm B} T \tag{1-14}$$

上述三种作用力在 r 大于截断半径 $r_{\rm c}$，即当 $r_{ij} > 1$ 个 DPD 单位时，上述三种作用力均为 0。在 DPD 模拟中，粒子的质量、温度和格子的长度都采用 DPD 单位，能量采用 $k_{\rm B}T$ 为单位(其中，$k_{\rm B}$ 为 Boltzman 常数，T 为体系参考温度，$k_{\rm B}T$ 为无量纲能量单位)。根据计算经验，噪声振幅 A=3，则根据上述公式得摩擦系数 γ =4.5。

在保守力的表达式中，a_{ij} 是排斥系数，它表征了原子和分子之间复杂的作用力。根据微扰理论可得

$$\begin{aligned} P &= \rho k_{\rm B} T + \frac{1}{3V}\left\langle \sum_{j>i}(r_i - r_j) f_i \right\rangle \\ &= \rho k_{\rm B} T + \frac{1}{3V}\left\langle \sum_{j>i}(r_i - r_j) F_{ij}^C \right\rangle \\ &= \rho k_{\rm B} T + \frac{2\pi}{3}\rho^2 \int_0^1 r f(r) g(r) r^2 {\rm d}r \end{aligned} \tag{1-15}$$

$$K^{-1} = \frac{1}{n k_{\rm B} T k_T} = \frac{1}{k_{\rm B} T}\left(\frac{\partial P}{\partial n}\right)_T \tag{1-16}$$

式中，P 为原子与分子间作用力。

当密度 $\rho > 2$ 时，$P = \rho k_{\rm B} T + \partial a \rho^2 (\partial = 0.101 \pm 0.001)$ 。则水的压缩系数：

$$K^{-1} = 1 + \frac{2\partial a \rho}{k_{\rm B} T} \approx 1 + \frac{0.2 a \rho}{k_{\rm B} T} \tag{1-17}$$

在室温下水的压缩系数 $K^{-1} = 15.9835$ ，代入上述式(1-17)可得：$a = 75 k_{\rm B} T / \rho$ ，则当 $\rho = 3$ 时，同类粒子之间的排斥系数 $a_{ii} = 25 k_{\rm B} T$ ；当 $\rho = 5$ 时，同类粒子之间的排斥系数 $a_{ii} = 15 k_{\rm B} T$ 。

对于不同类粒子之间的排斥系数 a_{ij} ，它与 Flory-Huggins 参数 χ 有关，Flory-Huggins 参数 χ 描述不同类粒子相互作用程度。图 1-3 为粒子之间的排斥系数 a_{ij} 与 Flory-Huggins 参数 χ 的关系图。

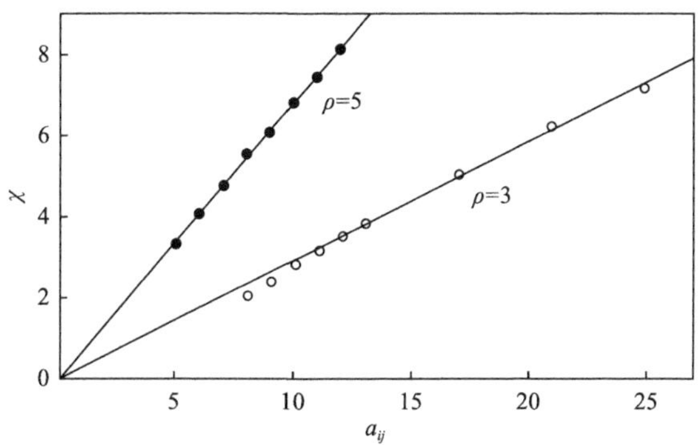

图 1-3 粒子之间的排斥系数 a_{ij} 与 Flory-Huggins 参数 χ 的关系图

由图 1-3 可得出不同类粒子之间的排斥系数 a_{ij} 与同类粒子之间的排斥系数 a_{ii} 及 Flory-Huggins 参数 χ 的关系，因而很容易求得各粒子之间的排斥系数：

$$a_{ij}=a_{ii}+\frac{\chi_{ij}(T)}{0.306}=25+3.27\chi_{ij}(T)\,,\qquad \rho=3 \tag{1-18}$$

$$a_{ij}=a_{ii}+\frac{\chi_{ij}(T)}{0.689}=15+1.45\chi_{ij}(T)\,,\qquad \rho=5 \tag{1-19}$$

本书的模拟中，为把珠子之间的一些相互作用力最小化，按照 Groot 的实验结果，选择密度 $\rho=3$，使得 DPD 模拟中流体体系具有类似水的压缩性。

在 DPD 模拟中，三种作用力确定了牛顿运动方程，并采用改进的 Verlet 速度算法求解运动方程：

$$\begin{aligned}
&r_i(t+\delta t)=r_i(t)+\delta t v_i(t)+\frac{1}{2}(\delta t)^2 f_i(t)\\
&v_i(t+\delta t)=v_i(t)+\lambda\delta t f_i(t)\\
&f_i(t+\delta t)=f_i[r_i(t+\delta t),v_i(t+\delta t)]\\
&v_i(t+\delta t)=v_i(t)+\frac{1}{2}\delta t[f_i(t)+f_i(t+\delta t)]
\end{aligned} \tag{1-20}$$

其思路是：根据珠子 t 时刻的位置、速度和受到的力来求解 $t+\delta t$ 时刻珠子的位置、速度；同时据此刻的位置、速度可计算下一时刻作用在这个珠子上的作用力，之后再校正速度，如此循环即可得到各珠子的运动轨迹及相关信息(采用 $\lambda=1/2$，λ 为在积分过程中加入的可调参数，可适的值可以使体系的能量飘逸降到最低，其值取决于其他模型参数，具有经验性)。

DPD 模拟关键是要先获得 Flory-Huggins 参数 χ，以便根据公式算得模拟中输入的排斥系数 a_{ij}。Flory-Huggins 参数 χ 可通过 Blend 模块进行全原子模拟计算两者

的相互作用混合能来算得，珠子 i 和 j 之间的混合能计算公式为

$$E_{\text{mix}}^{ij}(T)=\frac{1}{2}\Big[Z_{ij}\left\langle E_{ij}(T)\right\rangle+Z_{ji}\left\langle E_{ji}(T)\right\rangle-Z_{ii}\left\langle E_{ii}(T)\right\rangle-Z_{jj}\left\langle E_{jj}(T)\right\rangle\Big] \tag{1-21}$$

式中，Z_{ij}，Z_{ji}，Z_{ii}，Z_{jj} 为每对珠子之间的配位数；$\left\langle E_{ij}(T)\right\rangle$ 为配对珠子之间的平均相互作用能，它们通过 Monte Carlo 法得到

$$\left\langle E_{ij}(T)\right\rangle=\frac{\int \mathrm{d}E_{ij}P(E_{ij})E_{ij}\exp[-E_{ij}/(kT)]}{\int \mathrm{d}E_{ij}P(E_{ij})\exp[-E_{ij}/(kT)]} \tag{1-22}$$

式中，$P(E_{ij})$ 为配对珠子间相互作用能的概率分布。

Flory-Huggins 作用参数 $\chi(T)$ 与珠子间相互作用混合能 $E_{\text{mix}}^{ij}(T)$ 的关系为

$$\chi^{ij}(T)=E_{\text{mix}}^{ij}(T)\big/(RT) \tag{1-23}$$

式中，R 为热力学常数。

因而可以根据算得的 Flory-Huggins 作用参数 $\chi(T)$，很容易求得各粒子之间的排斥系数 a_{ij}。另外，DPD 模拟中，珠子与珠子之间通过谐振子弹簧相连：

$$f_i^{\text{spring}}=\sum_j Cr_{ij} \tag{1-24}$$

根据 Groot 和 Rabone[3]，弹性系数 C=4.0。

2. 分子力学方法

分子力学方法(molecular mechanics)可看作是一种用经典力学方法描述分子的结构与几何变化的方法，它忽略电子的运动只计算与原子核位置相关的体系能量。分子力学得以使用，取决于几种假设的合理性。

首先，“Born-Oppenheimer”近似下对势能面的经验性拟合。基于“Born-Oppenheimer”近似，其物理模型可描述为：原子核的质量是电子质量的 10^3～10^5 倍，电子速度远远大于原子核的运动速度，每当核的分布形式发生微小变更，电子立刻调整其运动状态以适应新的核场。这意味着，在任意一个确定的核分布下，电子都有相应的运动状态；同时，核间的相对运动可视为所有电子运动的平均作用结果。所以电子的波函数只依赖原子核的位置，而不是它们的动能。于是“Born-Oppenheimer”近似认为，电子的运动与原子核的运动可以分开处理，将 Schrödinger 方程分解为电子运动方程与核运动方程：

$$H_e\psi(r,R) = E(R)\psi(r,R) \tag{1-25}$$

$$H_n\phi(R) = E(R)\phi(R) \tag{1-26}$$

式中，H_e、H_n 分别为电子运动和核运动方程的 Hamilton 算符；$\psi(r,R)$ 和 $\phi(R)$ 分别为电子运动和核运动方程的波函数。

式(1-25)中的能量 $E(R)$ 常被称为势能面，仅仅是原子核坐标的函数，相应地，式(1-26)所表示的为在势能面 $E(R)$ 上的核运动方程。由此说来，正是由于“Born-Oppenheimer”近似，才能把能量表示为原子核坐标的函数，进而用拟合方法求解势能面，促进分子力学的发展。

其次，分子力学使用了简单的作用模型，对体系相互作用的贡献来自如键伸缩、键角的开合、单键的旋转等。

另外，可移植性是力场的一个关键属性。正因为这种移植性，使得已开发的测试参数具有普适性，可用来解决更广范围内的问题。

对体系进行能量最小化，寻找优化构象时有最陡下降法、共轭梯度法、Newton-Raphson 最小值方法等。

分子力场是原子分子尺度上的一种势能场，它描述决定着分子中原子的拓扑结构与运动行为。从量子力学上说，描述决定分子中原子的拓扑结构与运动行为的是分子的电子结构的本征性质，也就是说，分子的基态波函数确定了该体系的分子力场。从经典力学上说，分子力场是由一套势函数与一套力常数构成的。

对复杂分子而言，其总势能可分为各类型势能之和，一般来说：

总势能＝键伸缩势能＋键角弯曲势能＋二面角扭曲势能＋离平面振动势能
＋范德瓦耳斯非键势能＋库仑静电势能＋氢键势能

这些势能项习惯上用符号表示为

$$U = U_b + U_\theta + U_\phi + U_\chi + U_{nb} + U_{el}$$

各种类型势能的作用项的一般表达式如下。

键伸缩项：

$$U_b = \frac{1}{2}\sum_i K_b (r_i - r_i^0)^2$$

式中，K_b 为键伸缩的弹力常数；r_i 及 r_i^0 分别为第 i 个键的键长及其平衡键长。弹力常数越大，振动越快，振动频率越大。

键角弯曲项：

$$U_\theta = \frac{1}{2}\sum_i K_\theta(\theta_i - \theta_i^0)^2$$

式中，K_θ 为键角弯曲的弹力常数；θ_i 及 θ_i^0 分别为第 i 个键的键角及其平衡键角。

二面角扭曲项：

$$U_\phi = \frac{1}{2}\sum_i [V_1(1+\cos\phi) + V_2(1-\cos 2\phi) + V_3(1+\cos 3\phi)]$$

式中，V_1、V_2 及 V_3 均为二面角扭曲项的弹力常数；ϕ 为二面角的角度。

离平面振动项：

$$U_\chi = \frac{1}{2}\sum_i K_\chi \chi^2$$

式中，K_χ 为离平面振动项的弹力常数；χ 为离平面振动的角度。

范德瓦耳斯作用项：

$$U(r) = 4\varepsilon\left[\left(\frac{E}{r}\right)^{12} - \left(\frac{E}{r}\right)^6\right]$$

式中，r 为原子对间的距离；ε 和 E 为势能参数，因原子的种类而异。

库仑作用项：

$$U_{\text{el}} = \sum_{i,j} \frac{q_i q_j}{D r_{ij}}$$

式中，q_i 及 q_j 为分子中第 i 个离子与第 j 个离子所带的电荷；r_{ij} 为两者间距离；D 为有效介电常数。

氢键作用项：

$$U(r) = A/r^{12} - C/r^{10}$$

式中，A 和 C 为经验常数。

此外，各项之间还存在着交叉形式，这很容易理解，分子中各项运动应该是互相影响的，即键伸缩的同时也会引起键角、二面角的变化，反之也一样。这种耦合有不同的形式（图 1-4），如键长、键角交叉项表示为 $U_b/\theta = (1/2)K_r\theta(r-r_0)(\theta-\theta_0)$，其中 K_r 为键角弯折力常数，$\theta-\theta_0$ 为键角的变化，r_0 为初始键长，r 为伸缩后键长。

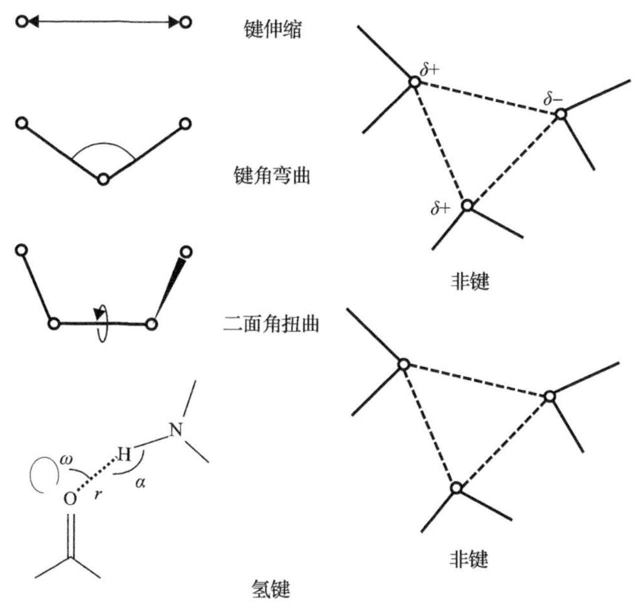

图 1-4　各种类型势能作用

ω 为离平面震动角；r 为键长；α 为键夹角；δ+和 δ−均为离子电荷数

分子力场形式是上述各种相互作用势能的总和。常见的力场有 UFF、DREIDING、CVFF、CFF91、CFF95、PCFF、MM、AMBER、CHARMM 及 COMPASS 等。每种力场针对的特殊目的有所侧重，各有优缺点和使用范围。在模拟计算中选择合适的力场尤为重要，也是决定计算结果成败的关键。上述力场中，UFF 和 DREIDING 适用范围最广，但计算与分子间作用相关的性质，则有较大的偏差。CVFF 力场适用于多种有机分子、各种多肽、蛋白质及氨基酸等。CFF91 力场适用于研究碳氢化合物、蛋白质、蛋白质-配位基的交互作用，也可研究小分子的气态结构、振动频率、构型能、扭转能障及晶体结构等。CFF95 力场衍生自 CFF91 力场，特殊性质是针对多糖类、聚碳酸酯类等生化分子与有机聚合物，较适用于生命科学的应用。PCFF 也衍生自 CFF91 力场，适用于聚合物及有机物的研究。MM 主要应用于计算固态或液态的小型有机分子系统，可得到很准确的几何结构、晶体能量、振动频率与各种热力学性质。AMBER 力场适用于较小的蛋白质、核酸、多糖等生化分子，可得到合理的气态分子几何结构、构型能、振动频率与溶剂化自由能。CHARMM 可应用于研究许多分子系统，包括有机分子、溶液、聚合物和生化分子等，几乎除了金属外，通常皆可得到与实验值相近的结构、作用能、构型能、转动能、振动频率、自由能和许多与时间相关的物理量。

3. 分子动力学模拟

分子动力学模拟是一种用来计算一个经典多体体系的平衡和传递性质的方

法。分子动力学忽略电子运动的描述，直接将体系中原子的能量表达成原子坐标的函数，它通过一定的方式将体系中的能量分解成若干种能量组分，并由实验数据和第一性原理计算结果对能量表达式中的相关参数进行调整。以这种参数化的能量函数(分子势场)，并加入基本牛顿运动方程，分子动力学能够在相当大的分子尺度上描述体系的基本规律，现在已经从简单分子拓展到多原子复杂分子、聚合物、生化分子及蛋白质大型分子结构和体系。

分子动力学计算的基本原理是：考虑含有 N 个分子的运动系统，系统的能量为系统中分子的动能与系统总势能之和。其总势能为分子中各原子位置的函数 $U(r_1, r_2, \cdots, r_n)$，依据经典力学，系统中任一原子 i 所受之力为势能的梯度：

$$\vec{F} = -\nabla_i U = \left(\vec{i}\frac{\partial}{\partial x_i} + \vec{j}\frac{\partial}{\partial y_i} + \vec{k}\frac{\partial}{\partial z_i}\right)U \tag{1-27}$$

依此，由牛顿运动定律可得 i 原子的加速度为

$$\vec{a}_i = \frac{\vec{F}_i}{m_i}$$

将牛顿运动定律方程式对时间积分，可预测 i 原子经过时间 t 后的速度与位置：

$$\frac{\mathrm{d}^2}{\mathrm{d}t^2}\vec{r}_i = \frac{\mathrm{d}}{\mathrm{d}t}\vec{v}_i = \vec{a}_i \tag{1-28}$$

$$\vec{v}_i = \vec{v}_i^{\,0} + \vec{a}_i t \tag{1-29}$$

$$\vec{r}_i = \vec{r}_i^{\,0} + \vec{v}_i^{\,0} t + \frac{1}{2}\vec{a}_i t^2 \tag{1-30}$$

分子动力学是利用牛顿运动定律，先由系统中各分子的位置计算系统的势能，再由式(1-28)和式(1-29)计算系统中各原子所受的力和加速度，然后在式(1-30)中令 $t=\delta t$，则可得到经过 δt 后各分子的位置及加速度，δt 表示很短的时间间隔。重复以上步骤，由新的位置计算系统的势能，再计算各原子所受的力和加速度，预测再经过 δt 后各分子的位置和速度。如此反复循环，可得到不同时间下系统中分子的位置、速度及加速度等，并将各时刻分子的位置记录为运动轨迹。

分子动力学计算中，一般常用 Velert 所提出的跳蛙方法来求解牛顿运动方程式(图 1-5)，该方法计算速度与位置的数学式为

$$\vec{v}_i\left(t+\frac{1}{2}\delta t\right)=\vec{v}_i\left(t-\frac{1}{2}\delta t\right)+\vec{a}_i(t)\delta t$$
$$\vec{r}_i(t+\delta t)=\vec{r}_i(t)+\vec{v}_i\left(t+\frac{1}{2}\delta t\right) \tag{1-31}$$

计算时假设已知 $\vec{v}_i\left(t-\frac{1}{2}\delta t\right)$ 与 $\vec{r}_i(t)$，则由 t 时的位置 $\vec{r}_i(t)$ 计算质点所受的力与加速度 $\vec{a}_i(t)$，再依公式预测时间为 $t+\frac{1}{2}\delta t$ 时的速度 $\vec{v}_i\left(t+\frac{1}{2}\delta t\right)$，以此类推，$t$ 时刻的速度可表示为

$$\vec{v}_i(t)=\frac{1}{2}\left[\vec{v}_i\left(t+\frac{1}{2}\delta t\right)+\vec{v}_i\left(t-\frac{1}{2}\delta t\right)\right] \tag{1-32}$$

利用 Velert 跳蛙法计算仅需储存 $\vec{v}_i\left(t-\frac{1}{2}\delta t\right)$ 与 $\vec{r}_i(t)$ 两种数据，可节省储存空间，且该方法使用简便、准确性高，至今已被广泛采用。

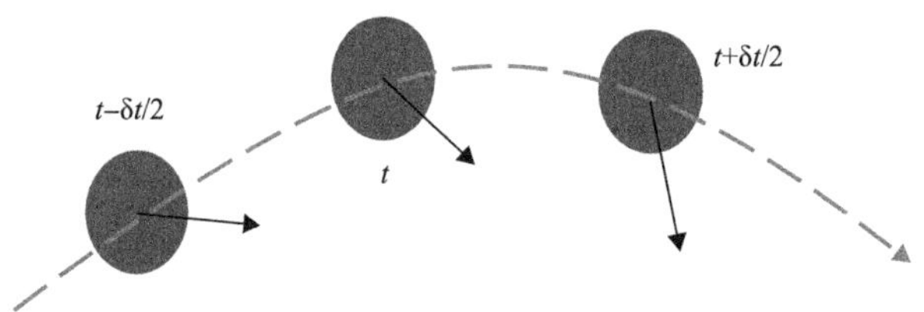

图 1-5　分子动力学中运动方程描述的粒子运动图

对不同体系，有不同势场模型和特定函数对其优化，势场是通过对一些已知的小分子体系进行分析和拟合，并获得能量的具体形式和参数，进而外推应用于描述大的相关体系，从而预测更复杂体系的未知特性。

分子动力学计算程序按以下方式进行：

(1)读入指定运算条件的参数(如初始温度、粒子数、密度和时间等)；

(2)体系初始化(即选定初始位置和速度)；

(3)计算作用于所有粒子上的力；

(4)解牛顿运动方程，这一步和上一步构成了模拟的核心，重复这两步直至所计算体系演化到指定的时间长度；

(5)中心循环完成之后，计算并打印测定量的平均值，模拟结束。

在分子动力学模拟中，若分子间的距离大于截断半径，则将其相互作用视为零，截断半径最大不能超过盒长的一半，一般的原子所选取的截断半径约为 10Å。对于积分步长，通常的原则是积分步长应小于系统中最快运动周期的 1/10。

分子动力学模拟涉及力场、系综、周期性边界条件(图 1-6)、积分步长和截断

半径等条件的选择，它们都与模拟结果的准确性有关。根据模拟结果和轨迹分析，可以获得很多相关信息。

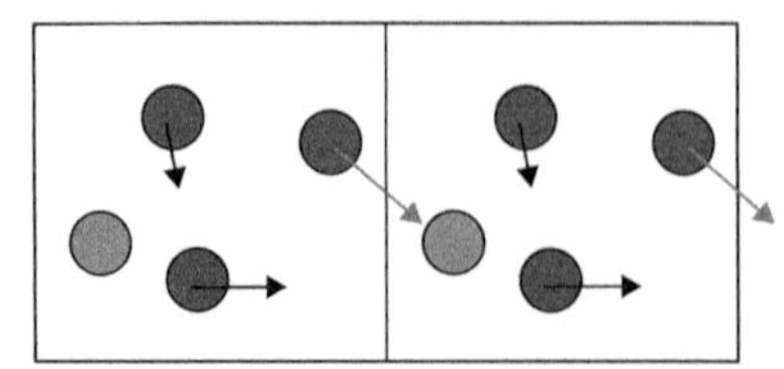

图 1-6 分子动力学中周期性边界条件

周期性边界条件即令基本的粒子运动单元循环重复成为一个没有边界的系统，当粒子闯过基该运动单元时，就让这个粒子以相同速度闯过此表面对面的表面重新进入运动单元。浅色粒子代表从旁边运动单元进入的粒子，深色代表单元内的粒子

(二) 分子模拟方法应用

1. 表面活性剂油水界面效率的分子模拟

以十二烷或辛烷代表饱和正构烷烃，以甲苯代表芳香烃，组成混合油相，考查混合油相的界面组成，并研究表面活性剂对油相界面组成的影响。

表面活性剂分别采用含苯环结构(HBT)型和不含苯环结构(HT)型两种分子结构模型。所谓 HBT 型是指表面活性剂头基和尾链之间有一个苯环相连，HT 型是指仅有一个头基和尾基。

HT 型表面活性剂比 HBT 型表面活性剂的诱导效应更明显。图 1-7 为两种油相的体积比为 1∶1，HT 型表面活性剂吸附为 90 个，两种油相的密度图(省略了水、表面活性剂分子头基与尾基的珠子密度)。

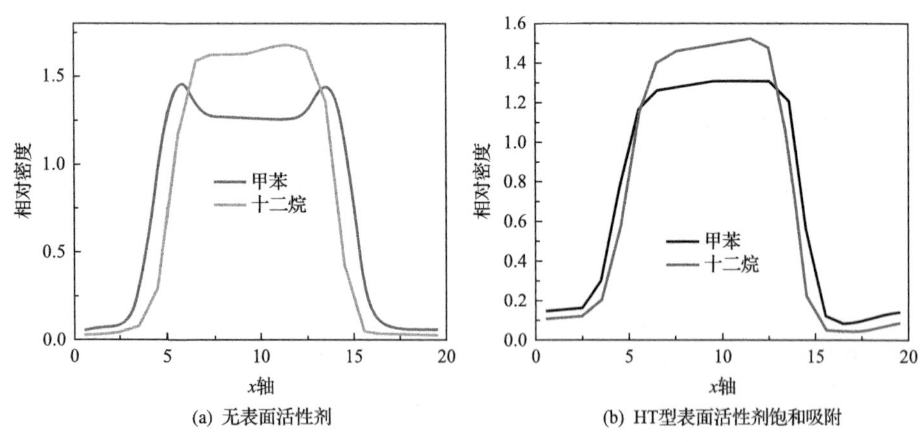

图 1-7 甲苯和饱和烷烃在界面层中的相对密度图

仍然选用上述两种表面活性剂(单链 HT 型和 HBT 型表面活性剂)，结合油田应用要求，改变两种油相体积比为 1∶2，考查油相比率的变化是否会对油相的界

面组成产生影响。同样发现，随着表面活性剂浓度的增加，甲苯的吸附峰逐渐变小，最后消失。显然，表面活性剂的加入诱导更多的饱和烷烃向界面吸附，使界面层中饱和烷烃占主导。这可以从界面能来解释，界面能与界面张力成正比：$G=\sigma A$（其中，G 为界面能，σ 为界面张力，A 为界面面积）。

没有表面活性剂存在的情况下，饱和烷烃和甲苯之间的界面张力差别很大，大约有 15m/Nm，因此界面层中甲苯含量增加有利于体系界面能的降低。而加入表面活性剂之后，表面活性剂在油水界面形成单分子层，界面张力大大减小，甲苯和饱和烷烃均为油相时，界面张力值差别减小，油相对界面能的影响降低，因此甲苯的界面吸附优势减小，十二烷在界面上的吸附相对增多。

2. 表面活性剂固液界面吸附行为特征

使用钙、镁离子吸附的表面作为高盐条件下砂岩固体表面的模型，计算了十二烷基苯磺酸钠(SDBS)、羧基甜菜碱(CAB)、十六烷基三甲基溴化铵(CTAB)、磺基甜菜碱(DSB)与固体表面的相互作用能，如图 1-8 和表 1-3 所示。图 1-8 中浅色的条代表总相互作用对能量的贡献，灰色条代表电性相互作用对能量的贡献，深灰色代表范德瓦耳斯力作用对能量的贡献。

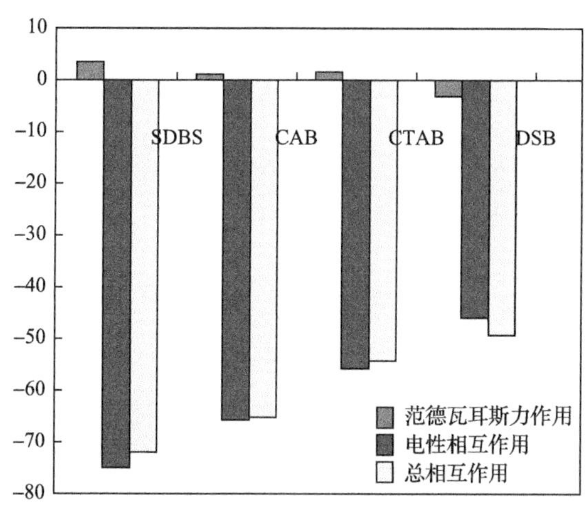

图 1-8　不同表面活性剂与砂岩表面的相互作用能

表 1-3　不同表面活性剂与砂岩表面的吸附作用能

表面活性剂		吸附作用能/(kcal/mol)
阴非型	AES	−43.96
阴阳型	DSB	−49.22
	CB	−65.27
阴离子型	SDBS	−71.41
	CTAB	−79.59

注：1cal=4.184J。

从表 1-3 可以看出，阳离子型活性剂 CTAB 与固体表面相互作用能最负，作用最强最稳定，因此吸附趋势最大；阴离子型活性剂 SDBS 与砂岩的相互作用也较强，吸附损失大。钙、镁离子存在条件下，阴非两性和阴阳两性甜菜碱的相互作用能都高于阴离子表面活性剂 SDBS，其中 DSB 和 AES 的与砂岩表面的相互作用较弱，吸附量趋势小。

石英晶体微天平(QCM)的结果对以上的预测给出了验证。阳离子表面活性剂 CTAB 的吸附量可达到 1.1mg/m^2，明显少于阴离子表面活性剂 SDBS(图 1-9)。

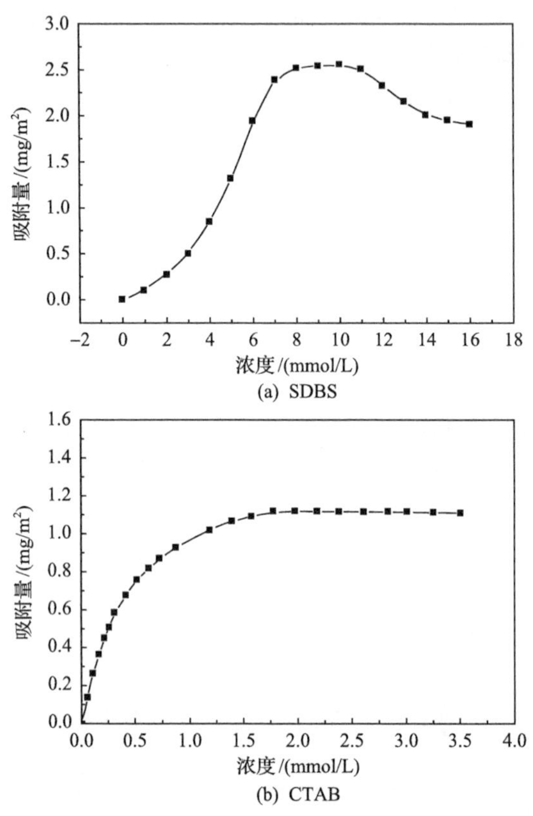

图 1-9 SDBS、CTAB 在石英表面的吸附等温线

3. 固液界面动力学模拟

当岩石孔隙内油水共存时，究竟是水附着到岩石表面把油揭起，还是水只能把孔隙中部的油挤出，这要由岩石的润湿性决定(图 1-10)。

石英表面吸附油层以后变成亲油表面，但是在水相作用下，附着一层油相的石英在热力学上是不稳定的，但是实际过程中由于有更多因素影响油滴的脱附而受到限制(图 1-11)。当石英表面与水分子达到纳米数量级，油滴的脱附即可实现。

(a) 0ns　(b) 28ps　(c) 634ps　(d) 5ns

图 1-10　油滴在岩石表面的吸附

1ps=1×10^{-12}s

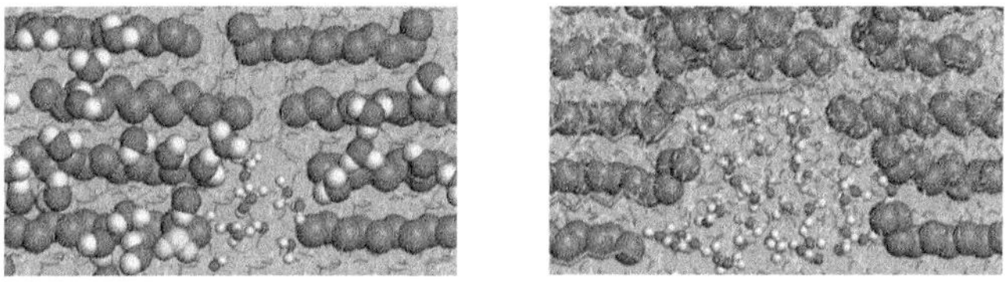

(a) 150ps　(b) 700ps

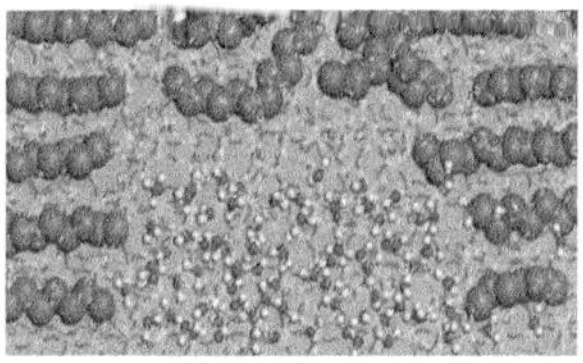

(c) 1500ps

图 1-11　水分子对油滴的剥离过程

CTAB 疏水链接触油相，扰动油相中的烷烃分子的有序结构。随着 CTAB 长链进入油膜内部，更多的水分子与 CTAB 极性头相互作用进入油层中形成水分子通道(图 1-12)。CTAB 极性头通过水分子通道与固体表面接触，水分子通道持续变大，更多的水分子不断进入促使固体表面油膜脱附(图 1-13)。

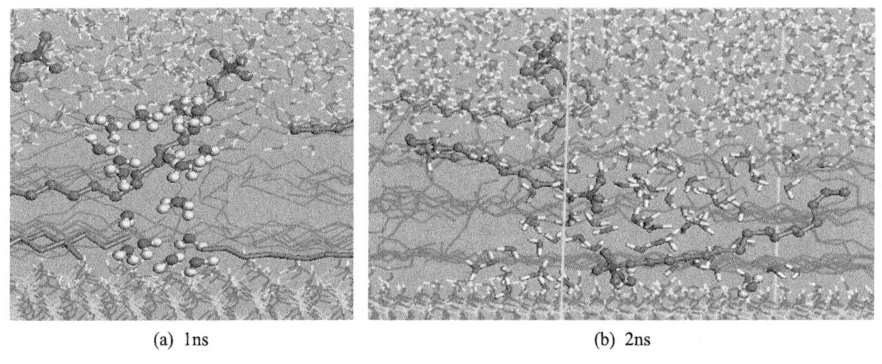

(a) 1ns　(b) 2ns

图 1-12　CTAB 对油滴的剥离过程

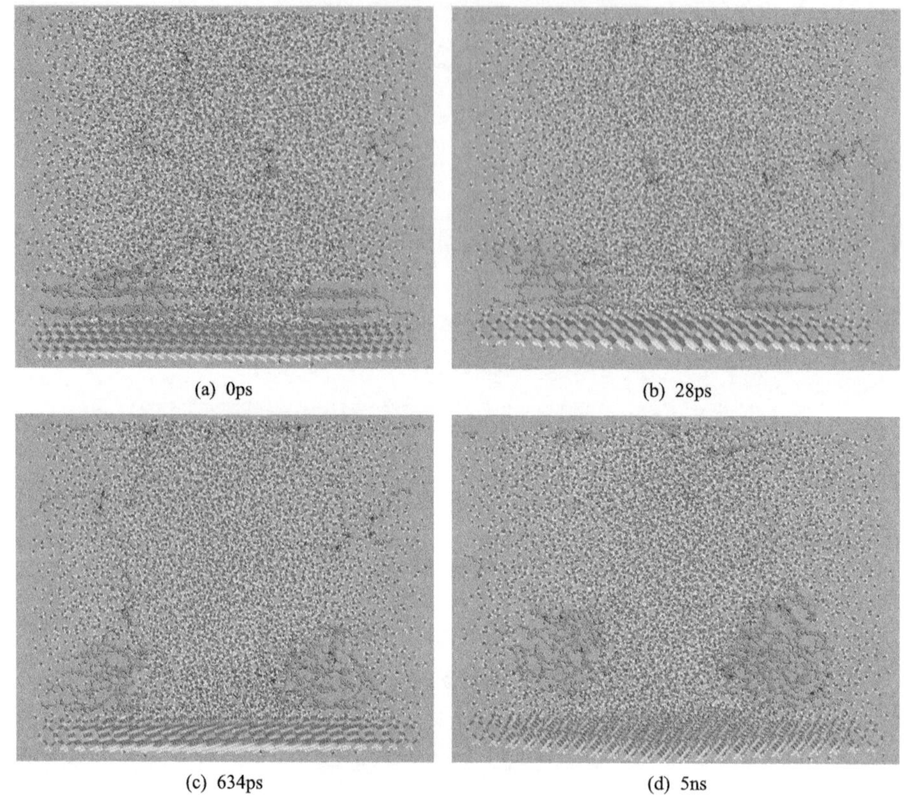

(a) 0ps　(b) 28ps　(c) 634ps　(d) 5ns

图 1-13　低聚表面活性剂对油滴的剥离过程

表面活性剂的双尾链可以更大程度地扰动油层，携带更多的水分子并形成通道。

二、固液界面附着功对采收率的影响

(一)附着功计算方法

随着原油黏度的升高，原油在岩石表面的吸附能力表现出较大的差异。吸附强弱可以用附着功表示。根据界面化学，附着功是指将接触面为 $1cm^2$ 的液体从固体表面拉开所需做的功。在水中将图 1-14 所示的一个接触面为 $1cm^2$ 的油滴从岩石表面拉开所需做的功为

$$W=\sigma_{ow}+\sigma_{sw}-\sigma_{so} \tag{1-33}$$

式中，W 为原油在岩石表面的附着功，mN/m；σ_{sw} 为岩水界面张力，mN/m；σ_{so} 为岩油界面张力，mN/m；σ_{ow} 为油水界面张力，mN/m。

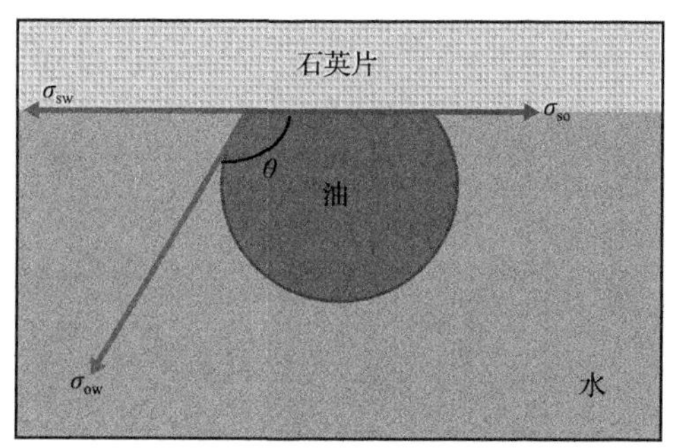

图 1-14　油-水-岩石系统的接触角

附着功与接触体系表面张力、界面张力及接触角相关。接触体系的附着功越大，对形成有效和高性能的黏结结构越有利。对于一个特定的固体表面，附着功的最大值并不存在于完全湿润状态之时，实际上，液固体系的附着功与液体表面张力的关系是一种抛物线状的函数关系。以聚乙烯固体为例，其临界表面张力为31mN/m，能够与其形成最大附着功的液体的表面张力为54mN/m，此种液体在聚乙烯表面的接触角为63°。

原油-岩石界面体系，除两相间的黏附(吸附)作用外，还受环境介质特别是水分的影响，水对岩石表面的吸附作用在一定条件下有可能取代原油对岩石表面的吸附，即对原油产生解吸附作用。解吸附产生的条件取决于原油-水-岩石三者表面能的匹配情况。

在油藏条件下，驱替相剥离吸附在岩石表面的原油时，必须克服原油与岩石表面的附着功。为了模拟原油-水-岩石三相体系，计算油藏条件下原油在岩石表面的附着功，从杨氏公式推导出适用于原油-水-岩石三相体系的附着功计算公式。

当岩石切片浸泡在水环境中时，由于原油的密度小于水，因此我们采用特殊的注射系统将油滴放置在岩石切片的下表面。当原油-水-岩石三相体系达到平衡状态时，原油与岩石界面 O 点的受力情况如下：

$$\sigma_{sw} = \sigma_{so} - \sigma_{ow}\cos\theta \tag{1-34}$$

式中，θ 为原油在岩石表面的接触角，(°)。

根据杨氏方程，原油在岩石表面附着功的计算公式如下：

$$W = \sigma_{ow} + \sigma_{sw} - \sigma_{so} \tag{1-35}$$

将式(1-34)代入式(1-35)即得到原油-水-岩石三相体系中原油在岩石表面的附着功 W：

$$W = \sigma_{ow}(1+\cos\theta) \tag{1-36}$$

该计算方法与空气环境中的杨氏方程有所区别，公式中油水界面张力替代了原有的表面张力，原油在岩石表面接触角替代了水在岩石表面的接触角。由式(1-36)可见，接触角越大，附着功越大，即湿相流体对固体的润湿程度越好，反之亦然。对于油、水、岩石三相体系，当附着功大于油水界面张力时，岩石亲油；当附着功小于油水界面张力时，岩石亲水；当附着功等于油水界面张力时，岩石为中性润湿。尽管油固界面或水固界面的表面张力无法直接测量，然而，附着功却能通过测定油水界面张力和接触角来计算。

附着功的影响因素主要有以下 4 个。

1)岩石的矿物组成

油藏岩石主要由砂岩和碳酸盐岩组成，后者矿物组成比较简单，主要为方解石和白云石；而砂岩则是由不同性质和晶体构成的硅酸盐矿物组成，如长石、石英、云母、黏土矿物、硫酸盐等。根据润湿性的定义，可将岩石矿物分为两类：一类是亲水的组分，如石英、长石、云母、硅酸盐、玻璃、碳酸盐、硅铝酸盐等；另一类是亲油的组分，如滑石、石墨、烃类有机固体和矿物中的金属硫化物等。泥质胶结物的存在会增加岩石的亲水性，而含铁的黏土矿物，可以从油中吸附表面活性物质，当其覆盖在岩石颗粒表面时，可以使岩石局部表面向亲油方向转化。

2)油藏流体组成的影响

原油的组成非常复杂，按对润湿性的影响其物质可分为三类：非极性的烃类(主要组成)；含有极性的氧、硫、氮的化合物；原油中的极性物质或称活性物质。对于非极性的烃类而言，含碳原子数的不同，非极性程度也不同。原油中烃类所含碳原子数越多，接触角越大。对原油中的极性物质而言，它们对矿物表面润湿性的影响主要取决于极性物质的多少和性质。有的能使润湿性发生转化，完全改变岩石的润湿性，有的影响程度相对较轻微。

沥青是原油中对岩石表面润湿性具有决定影响的重质组分，它的主要成分是胶质和沥青质，其中含有一定量的表面活性物质，当沥青柴油液进入孔隙后，其中的表面活性物质,尤其是阳离子表面活性剂会借助其水溶性渐渐溶于孔隙水中，并由于分子的热运动而频繁靠近孔隙表面，最终会在静电引力及分子间力的作用下将其带正电的一端吸附于岩石表面,同时将亲油的非极性基团暴露于孔隙表面。沥青在岩石表面的这种定向吸附过程是岩石表面自由能逐渐减小的自发过程。随着孔隙表面覆盖的表面活性物质的增多，岩石表面对油相的亲合力就会增强，对水相的亲合力则相对减小。沥青在岩石表面的上述吸附作用以及由于胶质和沥青质等在岩石表面的沉积，致使岩样具有不同的润湿指数。

非烃化合物、沥青质组分的吸附作用可以改变油藏润湿性。同一种原油中的非烃化合物和沥青质对润湿性的影响情况相似，但不同原油中的非烃化合物或沥青质组分对润湿性的影响有显著差异。出现这种差异的主要原因可能是非烃化合物终极性较强的组分(如吡啶类、亚砜和硫醚类、酸和酚类化合物)对润湿性的影响较大，而极性较小的一些化合物(如吡咯类)对润湿性的影响较小。油湿指数与原油中的饱和烃、芳烃、胺、吡咯氮等馏分的含量及N、S、O等元素的含量之间无确定关系，但与其中的吡啶氮馏分含量呈正相关关系。原油中吡啶氮馏分的含量也许可以作为评价原油润湿度的重要依据。

3)表面活性物质的影响

表面活性物质吸附到岩石表面，可以使岩石的润湿性发生变化，甚至润湿反转，因此它对岩石润湿性的影响比极性物质的影响还要大。目前，在注入水中添加一定量的表面活性剂来降低油水的界面张力并改变岩石的润湿性，正是利用上述原理来提高洗油效率的方法。地层水中的表面活性物质能吸附于岩石表面，吸附量会随水中电解质的增加而减少。另外，水中的某些金属离子也会改变岩石的润湿性。

4)矿物表面粗糙度的影响

实际岩石孔隙或岩石表面粗糙不平，导致各处表面能的不均匀，因此岩石的润湿性在各处也有差异，出现斑状润湿和混合润湿。

此外，润湿性与孔隙结构、温度、压力等也有一定的关系。总之，岩石的润湿性是岩石与体层中流体相互作用的结果，是岩石-流体的综合特性。

(二)油水界面张力测定方法

1. 旋转滴法

当两相体系的界面张力小于0.1mN/m时，用TX500C旋转滴界面张力仪测定界面张力，该方法适用于超低界面张力测试，测试方法如下。

用模拟盐水配制预定浓度的表面活性剂溶液，用5mL注射器缓缓注满测试管，防止产生气泡。通过TX500C旋转滴界面张力仪的视频控制系统观察油滴在表面活性剂溶液中的拉伸过程。被拉伸的油滴长轴直径记为L，短轴直径记为D，当$L/D \geqslant 4$时，按式(1-37)计算油水界面张力σ_{ow}：

$$\sigma_{ow} = \frac{1}{4}\omega^2 r^3 \Delta\rho \tag{1-37}$$

式中，σ_{ow}为油水界面张力，N/m；$\Delta\rho$为油水两相密度差，kg/m^3；ω为角速度，rad/s；r为油滴短轴半径，m。

2. 悬滴法

悬滴法是测量表面及界面张力的常用方法，当两相体系的界面张力大于0.1mN/m时，用OCA35动态接触角仪测定界面张力，测试方法如下。

如图1-15所示，将待测原油装入注射系统，将水或表面活性剂水溶液装入测试室中，注射器针头浸入测试室水或表面活性剂水溶液中，缓慢注射原油至油滴达到最大。油水界面张力取决于油水密度差以及油滴的最大直径。当油滴完全为圆形时，D_s 为零，但由于重力影响的存在，引入了形状因子 H，应用Bashforth-Adams法，即可算出 $1/H$ 的值(S 为与 $1/H$ 有关的函数)。油水界面张力如下所示：

$$\sigma_{ow} = \frac{\Delta\rho g D_e^2}{H} \tag{1-38}$$

$$S = \frac{D_s}{D_e} \tag{1-39}$$

式中，g 为重力加速度，m/s^2；H 为形状因子，由 S 决定；D_e 为悬滴最大直径；D_s 为离顶点距离为 D_e 处悬滴截面的直径。

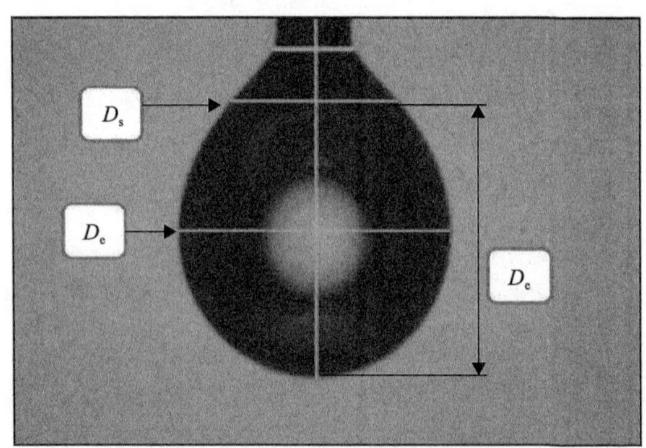

图1-15　悬滴法测定油水界面张力

悬滴法测定油水界面张力时，油滴的外形取决于两种因素：一种是拉伸作用的重力；另一种是油滴收缩作用的张力，张力可以使液滴更接近球体，从而减少表面积，降低表面能。液体轮廓的特征描述，能用杨氏方程，通过数学方法精确地加以计算，所以，液滴的外形一旦确定，它的表面张力就能被计算出来。因此，用SCA35软件检测液滴的外形轮廓，液滴越大，效果越好。

(三)原油在岩石表面接触角测定方法

1. 石英砂或石英片的预处理技术

石英砂或石英片的预处理技术主要用于去除固体样品表面残留的油污、表面活性剂和无机盐等杂质，提高动态接触角测定结果的准确性，预处理方法如下。

第一步，用苯、酒精和丙酮的混合液体清洗试片(其中苯 70%，酒精和丙酮各占 15%)，随后用蒸馏水冲洗试片；

第二步，采用 10%的稀盐酸冲洗试片，随后用蒸馏水冲洗试片；

第三步，采用热铬酸溶液浸泡试片 3～4h，去掉热铬酸后，然后用蒸馏水清洗，再放入 75℃烘箱中烘干。

2. 石英砂或石英片的老化处理技术

将一定量石英砂(400 目)、石英片放入蒸馏过后的残油中老化。老化过后，按 1∶3 的比例用正庚烷溶液洗涤、过滤，将老化后的石英砂、石英片放入索氏提取器中，抽提至冷凝液物色。然后将老化后的石英砂、石英片在真空干燥箱中干燥至恒重，称重，计算吸附量。

3. 天然岩心切片制备技术

选用成型的天然岩心柱子，通过岩心切割机制备厚度约 10mm 的岩心切片。采用 UNIPOL-810 抛光机处理岩心切片表面，并将其厚度控制在 3mm 左右(图 1-16)。

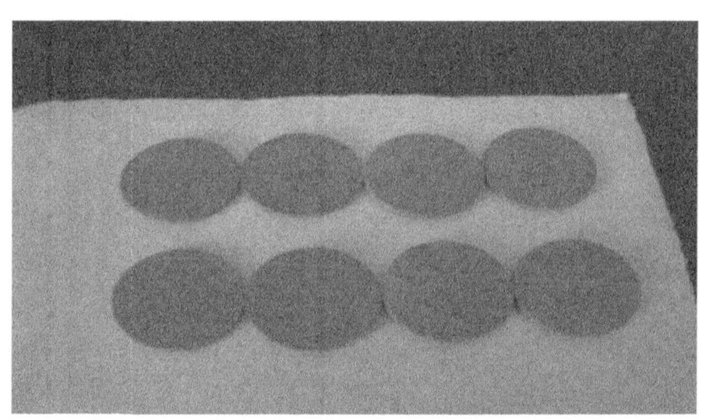

图 1-16 天然岩心切片模型

4. 原油在岩石表面接触角测定方法

在固-油-水三相接触时，自其三相线沿油水界面所作切线与沿固水界面所作切线在水相内的夹角叫作接触角。为了模拟原油-水-岩石三相体系，实验以水或表面活性剂溶液为测试环境，用 OCA35 动态接触角仪控制实验温度，采用悬挂滴法直接测定原油在岩石表面的接触角(图 1-17)。

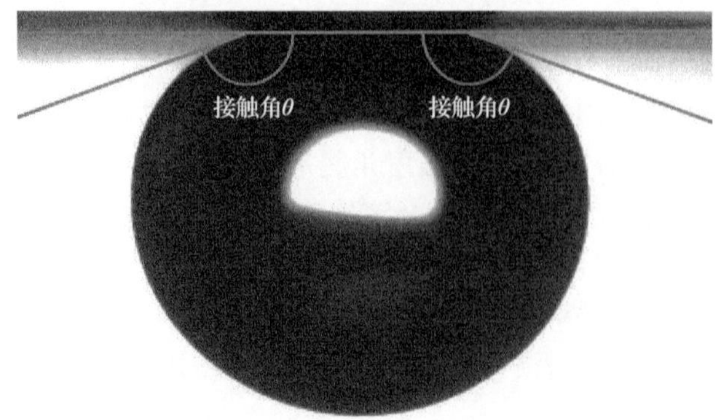

图 1-17　悬挂滴法测定原油在石英表面接触角

三、附着功与提高采收率关系

选取胜利油田不同区块原油及对应注入水，测定油水界面张力及原油在石英界面的三相接触角，计算获得不同原油在石英-地层水界面的附着功(图 1-18)。

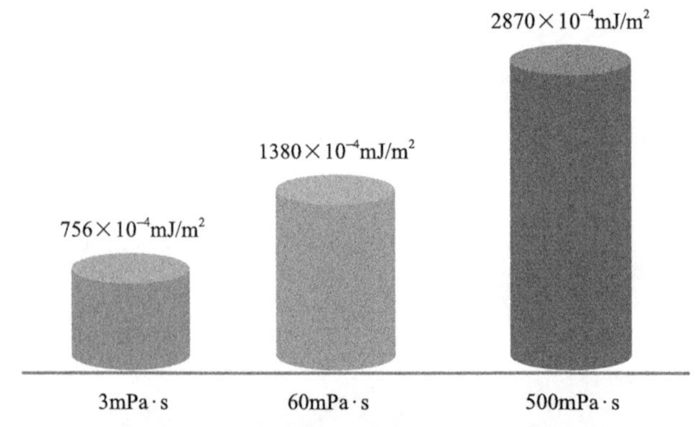

图 1-18　不同黏度原油与石英表面附着功

降低岩石与原油之间的附着功是提高高黏原油启动能力的关键，实验表明岩石与原油之间附着功越低，原油越容易启动。

黏附力是驱替膜状、盲状残余油需克服的力。对于黏附在岩石表面的原油而言，同时存在原油-水之间的液液界面、水-岩石之间的液固界面、原油-岩石之间的液固界面以及原油-水-岩石三相之间的液液固界面。其中原油-岩石之间的液固界面以及原油-水-岩石三相之间的液液固界面与原油在岩石表面上的附着功之间相关。

前期的室内分析测试结果显示，在原油-石英之间的固液界面上附着功为69.75mN/m，在原油-盐水-岩石三相之间的液液固界面上附着功为36.94mN/m，在原油-表面活性剂溶液-岩石三相之间的液液固界面上附着功均小于 1mN/m。说明岩心表面油膜的剥离过程是原油-水-岩石三相界面从边缘向内部原油-岩石界面逐步推进的动态过程。

图 1-19 表明，原油与固体界面附着功小于某一阈值洗油率与驱油效率迅速增加，与常规活性剂比，孪连表面活性剂可有效降低高黏原油附着功与界面张力差，其双尾可有效渗透至原油并产生扰动，使原油断开。原油黏度低于 2000mPa·s 的情况下，通过增加聚合物分子量 3000×10^4，弹性模量增加至 100Pa 提高采收率 5%以上，表面活性剂可将附着功降至 8×10^{-4}mJ/m^2，界面张力降至 10^{-3}mN/m。

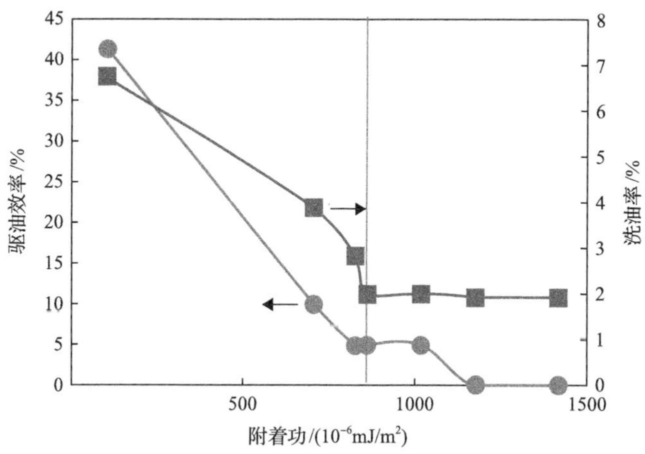

图 1-19　原油-石英界面附着功与驱油效率、洗油率关系

高黏原油启动和运移的条件：表面活性剂降低高黏原油与岩石附着功，原油剥离；表面活性剂润湿渗透及疏水链扰动降低原油组分相互作用力，原油启动；表面活性剂降低油水界面张力，原油变形通过多孔介质，原油运移(图 1-20)。关键是设计合成集降附着功、高渗透性、低界面张力于一体的表面活性剂体系。

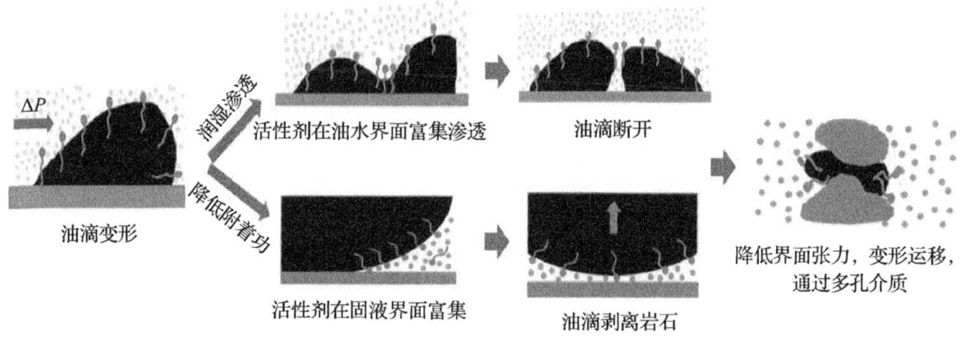

图 1-20　高黏原油启动与运移示意图

ΔP 为外界作用力

第二章　化学驱油剂合成及体系设计

第一节　高黏弹超高分聚合物研发

常规分子量在 2000×10^4 左右的聚合物在胜利常规油藏(黏度小于 100mPa·s)取得了较好的开发效果[4-10]，但对于化学驱高黏油藏，由于常规聚合物弹性低，抑制驱替相“指进”能力有限，不能满足高黏油藏大幅度提高采收率需求，需要研发高黏弹聚合物。

一、高黏油藏流度控制黏弹性界限

传统聚合物驱理论认为抑制“指进”仅与聚合物黏度有关。由驱替相与原油流度比公式[式(2-1)]和注入压力公式[式(2-2)]可知，降低聚合物和原油流动比，增大注入压力，主要靠增加聚合物溶液黏度。

$$M_{流度}=\frac{K_d/\mu_d}{K_o/\mu_o}=\frac{K_d}{K_o}\frac{\mu_o}{\mu_d} \tag{2-1}$$

$$\Delta P=\frac{\mu_d Q\ln(R_e/R_w)}{2\pi K_d h} \tag{2-2}$$

式(2-1)和式(2-2)中，K_d 为驱替相有效渗透率；K_o 为原油有效渗透率；μ_d 为驱替相黏度；μ_o 为原油黏度；ΔP 为供给压力与油井压力之差；Q 为流量；R_e 为供给半径；R_w 为油井半径。

化学驱高黏油藏原油黏度较高(大于 100mPa·s)，仅靠增加聚合物黏度无法大幅度降低聚合物原油流度比，增大注入压力，抑制“指进”。

由表 2-1 可知，常规聚合物在常规油藏条件下化学驱提高采收率程度较高，但在高黏化学驱油藏，即使增加聚合物黏度，提高采收率程度仍然较低，主要原因是常规聚合物分子量在 2000×10^4 左右，分子链长对于化学驱高黏油藏仍然较短，无法有效抑制“指进”，扩大波及。

表 2-1　物理模拟不同油藏聚合物黏度对提高采收率影响

常规聚合物浓度/(mg/L)	黏度/(mPa·s)	常规油藏提高采收率/%	高黏油藏提高采收率/%
1500	23.5	15.7	6.8
2000	30.2	18.5	7.6
2500	42.5	20.7	8.9

注：实验条件为聚合物分子量 2200×10^4，常规油藏原油黏度 50mPa·s，高黏油藏原油黏度 500mPa·s。

聚合物在地层孔喉运移过程中，除了有黏性作用，还有弹性作用(图 2-1)，且聚合物通过孔喉时，“黏性”产生的阻力与流速成正比，“弹性”产生的阻力与流速平方成正比。

$$\Delta P = b_0 \eta v / D_A + b_1 \lambda \eta v^2 / D_A^2 \tag{2-3}$$

式中，v 为流速；D_A 为孔喉直径；λ 为松弛时间；b_0、b_1 均为系数。

力学模拟表明，弹性模量对于增加注入压力，抑制“指进”具有重要作用。

$$P_{注入} = \left[2\left(\frac{R_f}{R_p}\right)^3 - 0.002\left(\frac{R_f}{R_p}\right)^2 + 0.07\frac{R_f}{R_p} + 1.2\right](1.02G' + 0.27) \tag{2-4}$$

式中，R_f 为孔喉半径；R_p 为高分子流体力学半径；G' 为弹性模量。

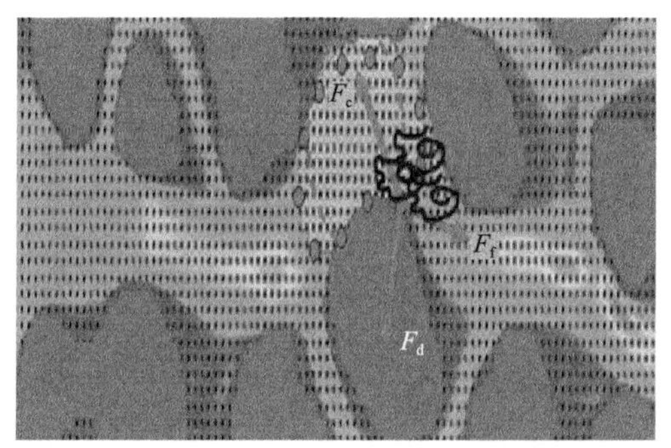

图 2-1　力学模拟聚合物分子团通过孔喉受力分析

F_c 为颗粒-壁面间作用力；F_d 为形变恢复力；F_f 为颗粒-流体作用力

因此弹性也是抑制“指进”的关键因素，实现高黏油藏抑制“指进”需黏性和弹性并重。

数值模拟和物理模拟结果表明，高黏原油条件下，驱替相黏度高于 50mPa·s，弹性模量需高于 100mPa，才能有效抑制“指进”，大幅提高采收率(图 2-2～图 2-4)。常规聚合物由于经济注入条件下，黏度和弹性模量都达不到高黏油藏化学驱要求，需要研发新型高黏弹聚合物。

因此大幅增加聚合物黏弹性能是解决高黏油藏化学驱大幅提高采收率的关键。目前，增强聚合物的黏弹性主要有两种方式。

一是优化聚合物合成方式，优化引发体系，大幅提高聚合物的分子量。由分子量与弹性模量曲线和分子量与黏度曲线对比可知，在分子量大于 3000×10^4 时，聚合物黏度和弹性模量能满足高黏油藏化学驱黏弹性要求(图 2-5、图 2-6)。

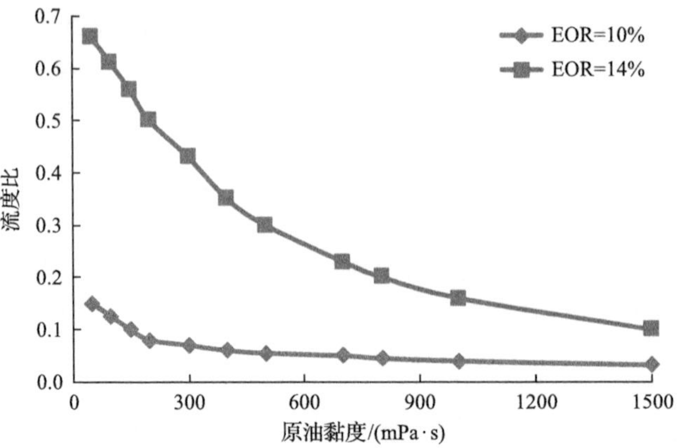

图 2-2　数值模拟驱替相流度比和原油流度比界限

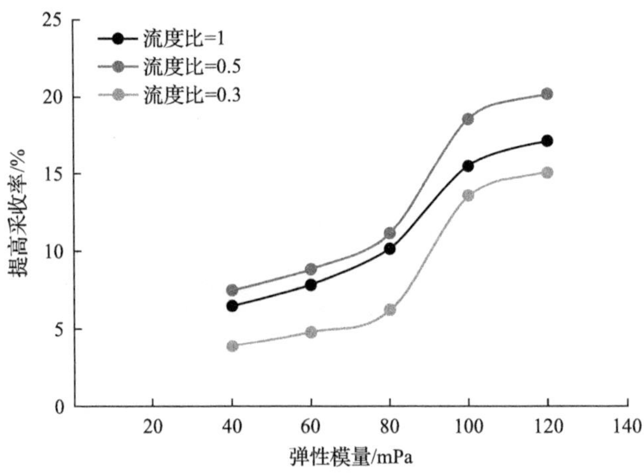

图 2-3　物理模拟驱替相弹性对驱油效果的影响

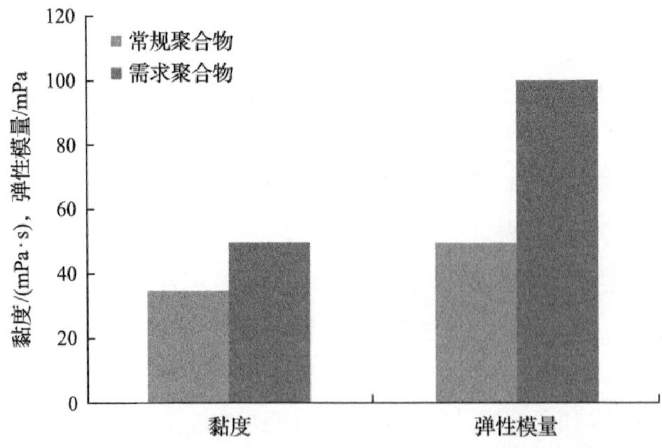

图 2-4　常规聚合物和需求聚合物黏度和弹性对比

二是改变聚合物分子在水中的构象，增强聚合物分子间相互作用。由图 2-7 和图 2-8 可知，常规聚合物分子均方末端距小，分子链构象呈团状，相互作用弱，仅提高浓度难以大幅提高弹性。高黏弹聚合物分子均方末端距大，分子链构象相互缠绕，相互作用强，低浓度下可大幅提高弹性。

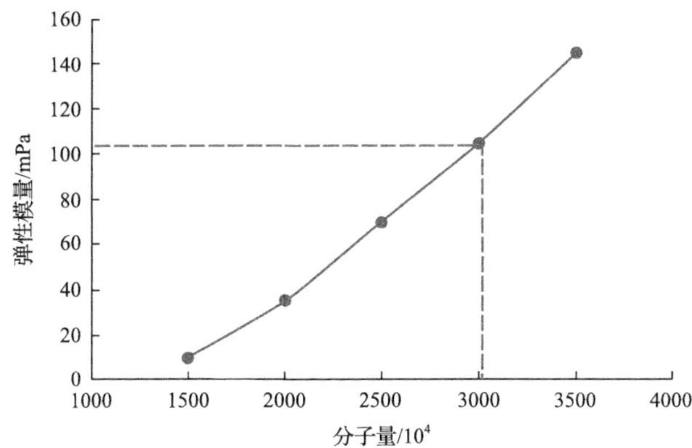

图 2-5　分子量与弹性模量曲线(浓度为 2000mg/L)

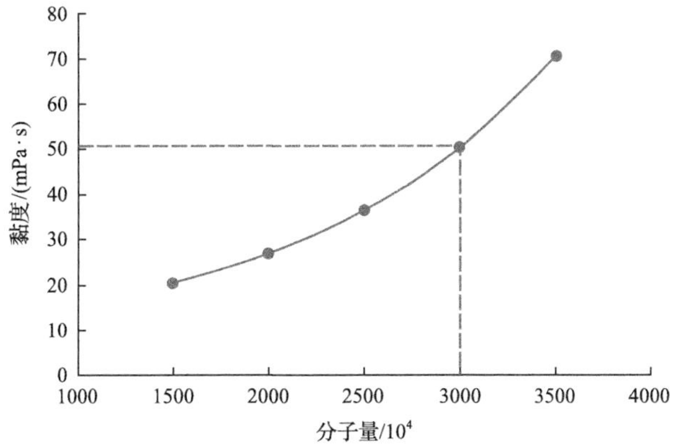

图 2-6　分子量与黏度曲线(浓度为 2000mg/L)

图 2-7　常规聚合物在水溶液中分子构象示意图

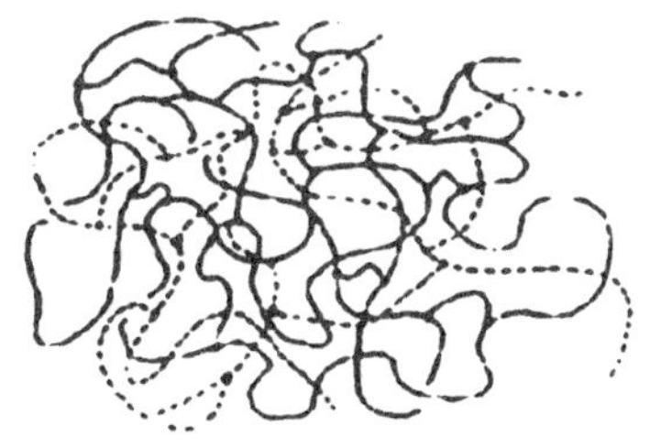

图 2-8　高黏弹聚合物在水溶液中分子构象示意图

二、高黏弹超高分聚合物合成

实验仪器：BROOKFIELD DV-III 型黏度计；电子天平(±0.01g 和±0.0001g)；CS501-SP 型超级恒温水浴(±0.1℃)；S212 型电子恒速搅拌器；HJ-6 型多头磁力搅拌器；六速旋转黏度计、烧杯等玻璃仪器。

实验药品：丙烯酰胺(工业级)；氢氧化钠、有机过氧化物、尿素、乙二胺四乙酸二钠、过硫酸钾、亚硫酸氢钠等均为分析纯；99.99%高纯氮气；功能单体 R。

(一)合成方式

按照预设投料比，在烧杯中加入纯水，然后在低速搅拌(以产生漩涡为宜)下依次加入丙烯酰胺(AM)、链转移剂以及其他合成助剂，待各组分充分溶解后，降温并通入高纯氮气 1h 后，0℃时加入引发剂引发，聚合后立即进行绝热聚合，记录聚合体系温度随反应时间的变化情况，反应时间为 7h。

反应结束后，取出胶体，用剪刀剪碎后加入一定量的氢氧化钠进行水解，然后干燥，得到白色粉末状高黏弹超高分聚合物。

(二)引发体系

制备超高分子量高黏弹超高分聚合物需要选择引发效率更高的引发体系。丙烯酰胺类聚合物的自由基聚合反应一般由链引发、链增长、链转移、链终止等基元反应组成。用引发剂引发时，首先引发剂分解产生初级自由基，初级自由基再与单体加成形成单体自由基而引发聚合。引发剂是一类易分解产生自由基，并能引发单体聚合的物质，引发剂分子中具有弱键，在热能的作用下，弱键均裂产生自由基。

合成丙烯酰胺类聚合物的引发剂可简单地归纳为热引发剂和氧化还原引发剂。常见的热引发剂有过硫酸盐和偶氮类等，其中偶氮引发剂分解速率均匀，几乎全部为一级反应，只形成一种自由基，能制备线性聚丙烯酰胺，但偶氮引发剂的分解温度偏高，反而不利于合成高分子量的聚丙烯酰胺。另外，引发温度太高，不利于一些与丙烯酰胺具有较大聚合活性差异的单体与其形成共聚物。氧化还原体系是丙烯酰胺类聚合物合成中最常用的引发剂，通过电子转移反应，生成中间产物自由基而引发聚合，氧化还原体系具有分解活化能低、引发温度低、反应诱导期缩短、聚合反应易于控制等优点，能制得高分子量的聚丙烯酰胺，但是氧化还原引发体系在聚合后期，自由基浓度较低，链终止反应速度也显著加快，在一定程度上不利于合成超高分子量聚合物。根据自由基聚合动力学关系，聚合物分子动力学链长与引发剂浓度的平方根成反比，要制备高分子量的产物，保持体系低自由基浓度是非常重要的。因此，单独采用热引发剂或是氧化还原引发剂很难制备高分量的聚合物，尤其是在本书研究的这种聚合组分较多、结构复杂的共聚物条件下，要提高聚合物的分子量尤为困难。

结合热引发剂和氧化还原引发剂的特点，本书根据引发剂的使用温度进行筛选和组合，研究了一系列包含多种组分的复合引发体系对高黏弹超高分聚合物分子量和增黏性能的影响，并筛选出了一种引发温度低、引发剂用量少、聚合体系始终保持低自由基浓度的复合引发体系，从而使链增长反应均匀缓慢地进行，有利于制备分子量较高的耐温抗盐共聚物。

从表 2-2 的实验结果可以看出，不同复合引发体系下，聚合体系的升温速率具有较大的差异，聚合物特性黏数和溶液表观黏度相差较大。采用低温氧化还原引发剂和过硫酸盐复配时，聚合体系升温极快，达到 30.0℃/h，特性黏数和表观黏度均较低，而采用低温氧化还原引发剂和偶氮引发剂及有机过氧化物时，由于有机过氧化物有调节引发剂分解速率的作用，聚合反应平稳发生，体系升温较为缓慢，为 8.0℃/h，合成聚合物的特性黏数达到 3000mL/g。因此，确定本书所采用的引发体系为低温氧化还原引发剂、偶氮引发剂和有机过氧化物的组合物，以下简称为复合引发剂。

表 2-2 引发体系组成对聚合物特性黏数和升温速率的影响

引发体系组成	升温速率/(℃/h)	特性黏数/(mL/g)
$(NH_4)_2S_2O_8$+$NaHSO_3$	30.0	1554
$(NH_4)_2S_2O_8$+$NaHSO_3$+AZDN	13.5	1767
$(NH_4)_2S_2O_8$+$NaHSO_3$+AZDN+尿素	24.5	2106
$(NH_4)_2S_2O_8$+$NaHSO_3$+AZDN+尿素+有机过氧化物	8.0	3050

注：AZDN 为偶氮引发剂。

（三）水解方式

确定了采用自由基聚合物的条件下，研究后水解法对聚合物增黏性能的影响。共水解和后水解是合成丙烯酰胺类聚合物的主要方式，共水解法具有工艺简单、后处理方便等特点，在造纸用助剂、涂料助剂等对分子量要求不高的领域广泛采用。相对于共水解法，后水解法工艺复杂，多一道水解工序，能耗较高。然而，后水解法却是制备高分子量聚合物的重要方法，这是因为后水解法在聚合物合成工艺段时，没有添加水解剂（水解剂往往组分较多，主要成分氢氧化钠，是一种复合体系，具有较大的链转移作用），从而使聚合体系更为简单，杂质或链转移剂等不利于提高分子量的组分更少，从而容易制得高分子量的聚合物。

本书以聚合物的分子量和增黏性为指标，研究了共水解法和后水解法对聚合物合成的影响，实验方法如下。

共水解法合成高黏弹超高分聚合物：按照投料比依次加入纯水、丙烯酰胺、丙烯酸单体、水解剂以及其他助剂，溶解充分后通入高纯氮气 1h，并降温，0℃引发后绝热聚合物 8h，取出胶体，剪刀剪碎后干燥，得到白色的聚合物粉末样品。

后水解法合成高黏弹超高分聚合物：按照投料比依次加入纯水、丙烯酰胺以及其他助剂，溶解充分后通入高纯氮气 1h，并降温，0℃引发后绝热聚合物 8h，取出胶体，剪刀剪碎后，加入水解剂在一定温度下水解 3h，然后干燥，得到白色的聚合物粉末样品。评价不同合成方式得到的聚合物在高温高盐条件下的增黏性能，实验结果见表 2-3。

表 2-3 水解方式对聚合物特性黏数的影响

水解方式	特性黏数/(mL/g)
共水解	2350
后水解	3080

表 2-3 的研究表明，水解方式对聚合物的特性黏数和增黏性能均具有较大的影响，在本书的聚合体系下，后水解法合成高黏弹超高分聚合物特性黏数和增黏性能明显优于共水解法制聚合物的特性黏数和增黏性能。这是因为共水解条件下，聚合体系中含有水解剂，具有一定的链转移作用，因此特性黏数和增黏性能均降低。从表 2-3 的实验结果可以看出，后水解合成聚合物特性黏数比共水解发合成聚合物的特性黏数高 30%以上，因此选择采用后水解的方法进行合成。

(四) 工业化生产配方和参数优化

1. 反应模具的选择

一般聚合反应装置普遍采用的是模具聚合、槽式聚合和釜式聚合。两种聚合反应装置相比较，模具聚合和槽式聚合具有胶体发热量少、散热比较容易、占地面积宽和能耗高等特点，而釜式聚合虽然胶体散热困难，但是体积小，占地面积小，生产操作费用低，装置年操作时间长，原料的消耗低，不易浪费，可以方便采用先进控制系统对生产进行控制。通过大量的调研，最终选用聚合反应釜聚合。

2. 聚合生产流程

聚合生产主要包括反应液配制、聚合过程、分离造粒、后水解处理、干燥和包装过程，具体如图 2-9 所示。

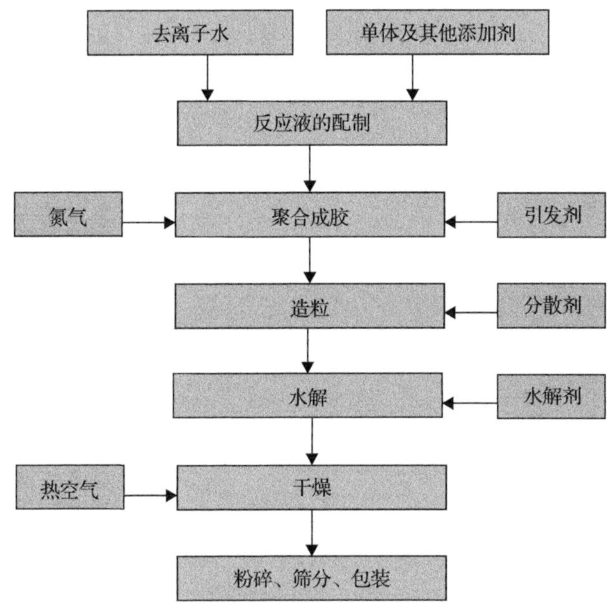

图 2-9　聚合生产流程

3. 生产配方优化

由于工业化生产聚合体系放大若干倍，室内合成方案和工业化生产工艺具有较大的差异，特别是在本书采用釜内聚合的生产模式下变得尤为明显，主要体现在聚合速率的差异：室内合成由于量小，胶体散热容易，聚合速率易于控制，整个反应始终保持缓慢均匀的就行，而工业化生产一次投料量大，胶体散热困难，造成聚合体系内部温度急剧上升。根据 Arrhenius 方程，温度升高引发剂的分解速率增加，因此聚合反应速率也大幅度增加，使生产产品性能尤其是分子量大幅度下降，最终通过优化，确定了工业化生产的合成条件，实验结果如表 2-4 和表 2-5 所示。

表 2-4　引发剂浓度的优化

引发剂浓度/(mg/L)			特性黏数/(mL/g)
Y1	Y2	Y3	
100	100	20	2850
150	150	40	3110
300	300	50	3020

注：如未做特殊说明，实验用模拟盐水为Ⅱ类油藏条件下的模拟盐水，配制水矿化度为 19334mg/L，钙、镁离子含量为 514mg/L，聚合物浓度为 1500mg/L，测试温度为 75℃。引发剂体系组成包括低温氧化还原引发剂(Y1)、偶氮引发剂(Y2)、有机过氧化物(Y3)。

表 2-5　引发剂投入方式优化

引发剂浓度	引发剂投入方式	特性黏数/(mL/g)
Y1 浓度为 150mg/L	一次投入	2910
Y2 浓度为 150mg/L	两次投入	3250
Y3 浓度为 40mg/L	三次投入	3040

最终确定的引发剂的总浓度为 340mg/L，低温氧化还原引发剂(Y1)、偶氮引发剂(Y2)、引发助剂(Y3)投放浓度分别为 150mg/L、150mg/L、40mg/L，分两次投加。

4. 生产工艺参数优化

分别对造粒分散剂的水解温度和时间及干燥温度和时间进行了优化，优化结果如表 2-6 所示。

表 2-6　生产工艺参数优化

造粒分散剂	水解温度/℃	水解时间/h	干燥温度/℃	干燥时间/h
0.1%煤油+ 0.1%乳化剂 MS	85	4	80	2.5

5. 工业化产品基本性能评价

通过对优化后的工业化产品进行性能评价，结果表明，工业化产品特性黏数在 3000mL/g 以上，水解度为 20%左右，溶解时间为 1h。

表 2-7　不同批次工业化产品性能评价

样品	特性黏数/(mL/g)	水解度/%	溶解时间/h
工业化样品 1#	3090	18.7	1
工业化样品 2#	3150	22.9	1
工业化样品 3#	3120	21.3	1
工业化样品 4#	3116	22.6	1
工业化样品 5#	3010	20.4	1
工业化样品 6#	3000	19.9	1

三、高黏弹超高分聚合物结构表征

(一) 高黏弹超高分聚合物红外光谱表征

当一束具有连续波长的红外光通过物质，物质分子中某个基团的振动频率或转动频率和红外光的频率一样时，分子就吸收能量由原来的基态振(转)动能级跃迁到能量较高的振(转)动能级，分子吸收红外辐射后发生振动和转动能级的跃迁，该处波长的光就被物质吸收。所以，红外光谱法实质上是一种根据分子内部原子间的相对振动和分子转动等信息来确定物质分子结构和鉴别化合物的分析方法。

利用热电公司的 nicolet IS10 红外光谱仪，表征高黏弹超高分聚合物所含的官能团。

由高黏弹聚合物红外光谱图分析可知，高黏弹聚合物在 3438cm^{-1}、2929cm^{-1}、1633cm^{-1} 为丙烯酰胺的主要红外振动峰(图 2-10)。

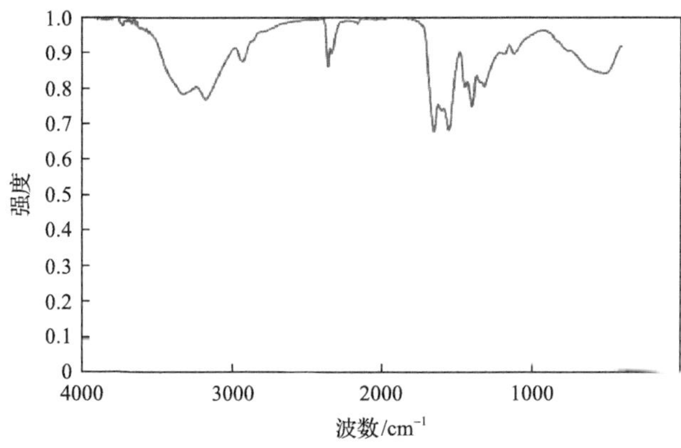

图 2-10　高黏弹聚合物红外光谱图

(二)高黏弹超高分聚合物热失重分析表征

差热分析、差示扫描量热分析、热重分析和热机械分析是热分析的四大支柱，用于研究物质的晶型转变、融化、升华、吸附等物理现象，以及脱水、分解、氧化、还原等化学现象。它们能快速提供被研究物质的热稳定性、热分解产物、热变化过程的焓变、各种类型的相变点、玻璃化温度、软化点、比热、纯度、爆破温度等数据，以及高聚物的表征和结构性能研究，也是进行相平衡研究和化学动力学过程研究的常用手段。

许多物质在加热或冷却过程中除了产生热效应外，往往伴随质量变化，其变化的大小及出现的温度与物质的化学组成和结构密切相关。因此，利用其在加热和冷却过程中物质质量变化的特点，可以区别和鉴定不同的物质。热重分析(thermogravimetric analysis, TGA)就是在程序控制温度下测量获得物质的质量与温度关系的一种技术。其特点是定量性强，能准确测量物质的质量变化及变化速率。目前，热重分析广泛地应用在化学以及与化学有关的各个领域中，在冶金学、漆料及油墨科学、陶瓷学、食品工艺学、无机化学、有机化学、聚合物科学、生物化学及地球化学等学科中都发挥着重要的作用。

热重分析得到的是程序控制温度下物质质量与温度关系的曲线，即热重曲线（TG 曲线），横坐标为温度或时间，纵坐标为质量，也可用失重百分数等其他形式表示。

由于试样质量变化的实际过程不是在某一温度下同时发生并瞬间完成的，因此热重曲线的形状不呈直角台阶状，而是形成带有过渡和倾斜区段的曲线。曲线的水平部分（即平台）表示质量是恒定的，曲线斜率发生变化的部分表示质量的变化。因此从热重曲线还可求算出微商热重曲线（DTG），若热重分析仪附带有微分线路就可同时记录热重和微商热重曲线。

微商热重曲线的纵坐标为质量随时间的变化率，横坐标为温度或时间。DTG 曲线在形貌上与 DTA 或 DSC 曲线相似，但 DTG 曲线表明的是质量变化速率，峰的起止点对应 TG 曲线台阶的起止点，峰的数目和 TG 曲线的台阶数相等，峰位为失重（或增重）速率的最大值，即它与 TG 曲线的拐点相应。峰面积与失重量成正比，因此可从 DTG 的峰面积算出失重量。虽然微商热重曲线与热重曲线所能提供的信息是相同的，但微商热重曲线能清楚地反映出起始反应温度、达到最大反应速率的温度和反应终止温度，而且提高了分辨两个或多个相继发生的质量变化过程的能力。由于在某一温度下微商热重曲线的峰高直接等于该温度下的反应速率，因此，这些值可方便地用于化学反应动力学的计算。

利用 TA 公司的 TGA-Q500 热失重分析仪，表征高黏弹超高分聚合物的热失重谱图，考查随着温度的升高，两种聚合物的热失重量和热失重峰，并和常规聚合物进行对比。

实验条件：升温速率为 10℃/min，O_2 氛围热失重分析测试聚合物样品的失重微分曲线。

实验方法：将一定质量的聚合物样品放入热重天平内，采用 TGA-Q500 型热分析仪，在 100mL/min O_2 氛围下，以 10℃/min 的速率升温，测试温度为 25～700℃，得到聚合物样品的热失重曲线，根据样品的热失重曲线，判断聚合物的结构变化情况。

由实验结果可以看出，常规聚合物和高黏弹超高分聚合物的热失重曲线图有较大差别，常规聚合物初始热失重峰失重温度在 204℃左右（图 2-11），而高黏弹超高分聚合物初始热失重峰分别在 240℃左右（图 2-12），最终常规聚合物在 500℃以后热失重完成，而高黏弹超高分聚合物在 550℃热失重完成，因此高黏弹超高分聚合物由于分子间作用更强，耐温性能得到增强。

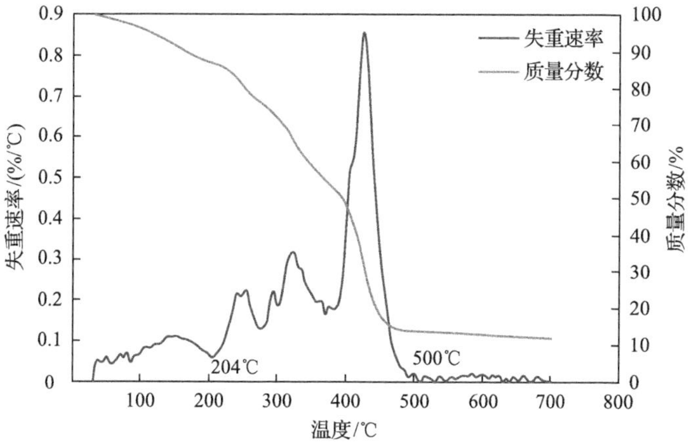

图 2-11　常规聚合物热失重曲线图

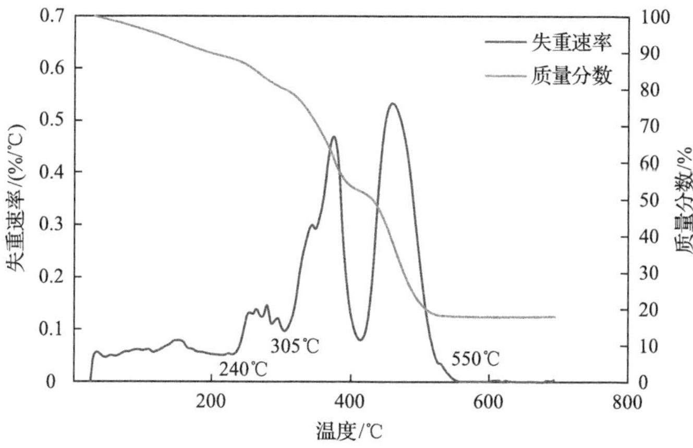

图 2-12　高黏弹超高分聚合物热失重曲线图

四、高黏弹超高分聚合物溶液微观聚集形态表征

选择高黏弹超高分聚合物和常规聚合物，分别通过动态光散射，冷冻蚀刻扫描电镜和原子力显微镜对聚合物在水溶液中的微观聚集形态进行表征和分析。

(一)聚合物流体力学半径

聚合物流体力学半径利用动态光散射的方法进行研究。动态光散射技术是 20 世纪 60 年代国际上新兴的一项实验技术，利用该方法能快速、准确地测定溶液中大分子或胶体质点的平动扩散系数，从而得知其大小或流体力学半径及其分布。该技术可测量范围为纳米-微米量级，是测量纳米及亚微米颗粒粒径的有效方法，具有测量范围大、测量速度快、样品量小，并且不破坏不干扰体系原有状态的优点，被广泛应用于生物工程、药物学及微生物领域。如今，这项新技术在表面活性剂溶液胶团性质、胶体溶液的稳定性、微乳体系的物化性质、高分子与生物大分子的溶液特性及分子内部运动状况、纳米材料体系等诸多领域显示了广泛的应用前景。

光散射通常分为静态和动态光散射。静态光散射(static light scattering, SLS)，可直接测量聚合物的分子量，关于聚合物结构的信息。动态光散射(dynamic light scattering, DLS)，主要可获得溶液中分散颗粒、聚集体等的流体力学半径及分布情况。

实验步骤如下。

(1)制样：把聚合物配成 500mg/L 的溶液；

(2)打开水浴循环加温至 65℃；

(3)开启激光源、处理器，等待激光光源稳定，调整激光衰减镜；

(4)待光源稳定 0.5h、水浴温度稳定 15min 后，将样品放入观测池中，5min 后开始测量；

(5)对每个样品测三次，对观测数据进行处理，取三次测量值的平均值。

本书表征了高黏弹超高分聚合物和常规聚合物流体力学半径。

图 2-13、图 2-14 可知，常规聚合物均方末端距较低，且分子分布变化较窄，而高黏弹超高分聚合物均方末端更大，且均方末端距分布变化更宽，表明高黏弹超高分聚合物分子链自身增黏能力较强。

(二)冷冻蚀刻扫描电镜表征微观聚集特征

本书将通过冷冻蚀刻扫描电镜对高黏弹超高分聚合物和常规的聚合物在水溶液中的微观聚集形态进行研究。

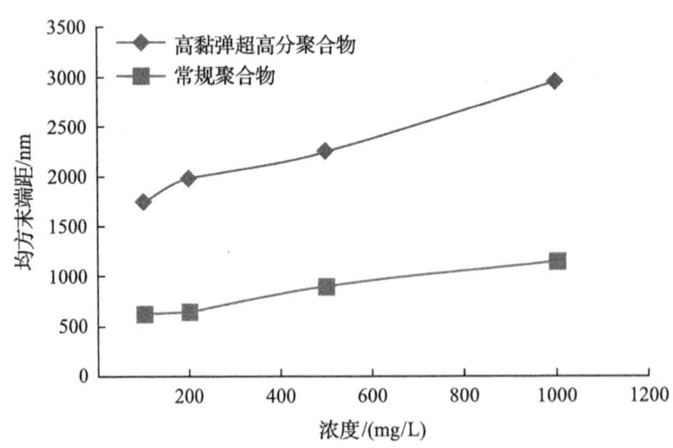

图 2-13　两种聚合物分子均方末端距变化对比

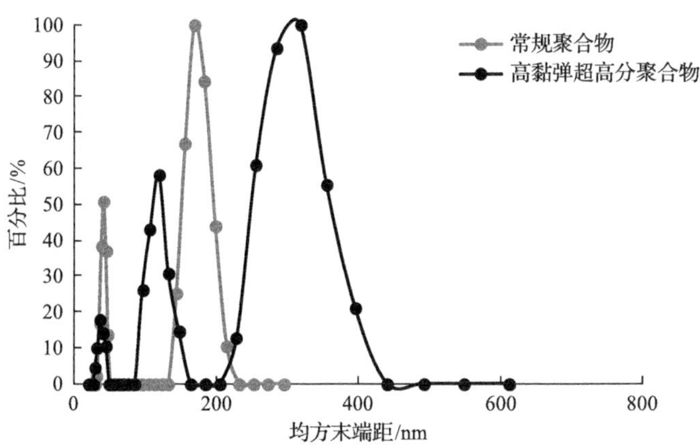

图 2-14　两种聚合物分子均方末端距分布变化对比

1. 冷冻蚀刻扫描电镜的原理

图 2-15 为冷冻蚀刻扫描电镜照片。聚合物在水溶液中存在分子间的相互缠绕，因此会形成一定的网络结构。其相互缠绕的程度和网络结构的致密程度和聚合物的性能是密切相关的。因此需要对聚合物在水溶液中的微观形貌进行观察和分析。而常规扫描电镜无法直接观察聚合物水溶液的微观结构，因为在高真空条件下，聚合物水溶液中的水分会迅速挥发，影响聚合物溶液微观形貌的观察。因此需要把冷冻蚀刻技术和扫描电镜技术相互结合，对聚合物溶液的微观形貌进行观察。

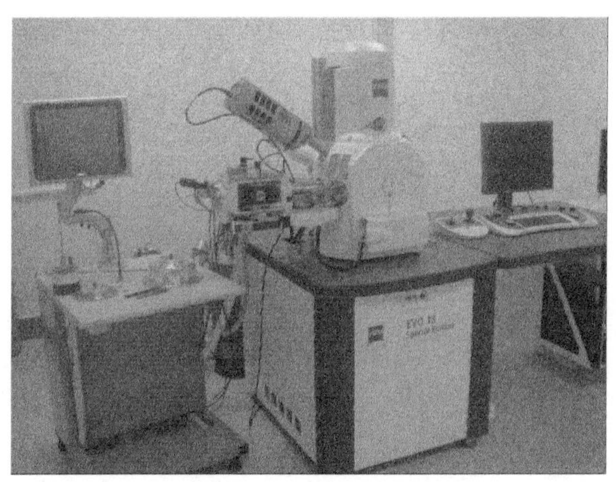

图 2-15　冷冻蚀刻扫描电镜

2. 实验方法

首先利用液氮(–190℃)对聚合物溶液进行瞬时冷冻，保持聚合物微观形貌，再利用高分辨率的扫描电镜对聚合物的微观结构进行观察和分析。通过这种技术可以准确地反映聚合物在水溶液中的微观聚集形态。

3. 实验结果

首先用蒸馏水配制浓度为0.2%的聚合物溶液，在相同的放大倍数条件下，观察并对比它们的微观聚集形态。

由图2-16和图2-17可知，常规聚合物溶液和高黏弹超高分聚合物在水溶液中分子链都有一定的聚集和缠绕，但高黏弹超高分聚合物溶液所形成的网状结构更加致密，表明高黏弹超高分聚合物分子链之间相互作用更强，因此具有更高的黏弹性能。

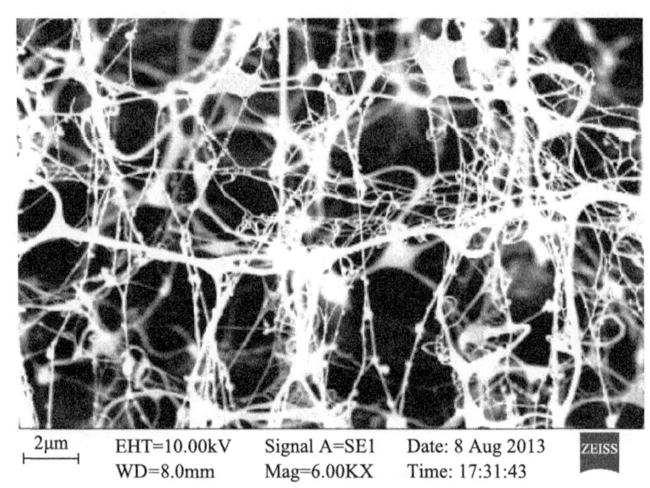

图2-16　常规聚合物溶液微观聚集形态

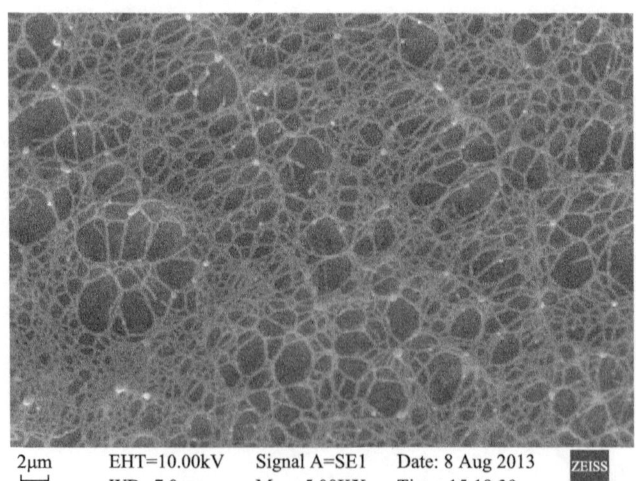

图2-17　0.1%高黏弹超高分聚合物溶液微观聚集形态

(三)原子力显微镜表征高黏弹超高分聚合物聚集体形貌特征

为了进一步研究新型高黏弹超高分聚合物的微观形貌特征，结合原子力显微镜进行了详尽的表征和分析[11]。

用蒸馏水配制不同浓度高黏弹超高分聚合物和常规聚合物，以云母片为基底，把聚合物溶液滴在云母片上，用氮气把溶液水分吹干，放在原子力显微镜下进行观测。

图 2-18 是不同浓度系列水溶性常规聚合物的原子力显微镜表面形貌图。从图中可以看出，常规聚合物水溶液呈现出细丝状网络结构，当浓度较高时[图 2-18(a)]，细丝状结构交织重叠，部分形成很薄的片层结构。随着浓度降低，重叠的细丝网络结构逐渐分散开来，形成如图 2-18(b)所示的结构。当浓度进一步降低到 200×10^{-6} 和 100×10^{-6} 时，可以看到大部分的网络“节点”消失，“网眼”增大，致密的网络结构变得稀疏。

选取浓度为 600×10^{-6} 的常规聚合物水溶液进行剖面分析，如图 2-18 所示。从放大图中可以看出这种不规整的网络结构，网络骨架粗细不均。从三维立体图中可以看出，这种常规聚合物的高度并不均一，多在 1～2nm。

由原子力显微镜形貌分析结果可知，常规聚合物由低浓度向高浓度增加过程中，存在一个聚集浓度，使分子链从分散向网状聚集。

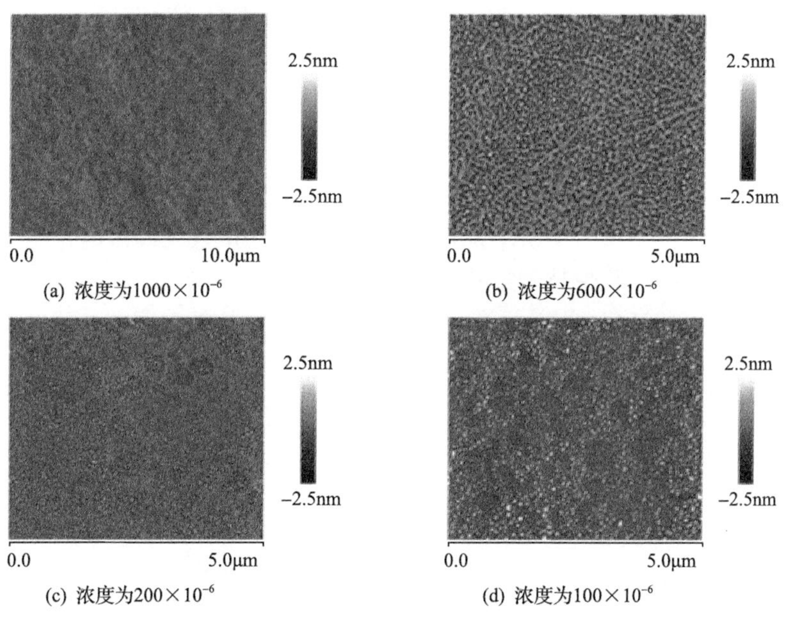

(a) 浓度为1000×10^{-6} (b) 浓度为600×10^{-6}

(c) 浓度为200×10^{-6} (d) 浓度为100×10^{-6}

图 2-18 水溶性常规聚合物的表面微观形貌

图 2-19 是高黏弹超高分聚合物在水溶液中的微观形貌图，从图中可以看出其结构和常规聚合物有些类似，都是细丝状无规交织成网，与之不同的是高黏弹超高分聚合物的无序网络结构更加细长，而且相互叠加聚集，层层组装，随着浓度的降低，这种成片聚集的程度也有所降低，长的细丝结构也随之断裂，逐渐消失，但是当浓度降低到 200×10^{-6} 时依然可以看到基底上交织聚集成片的聚合物结构的存在。

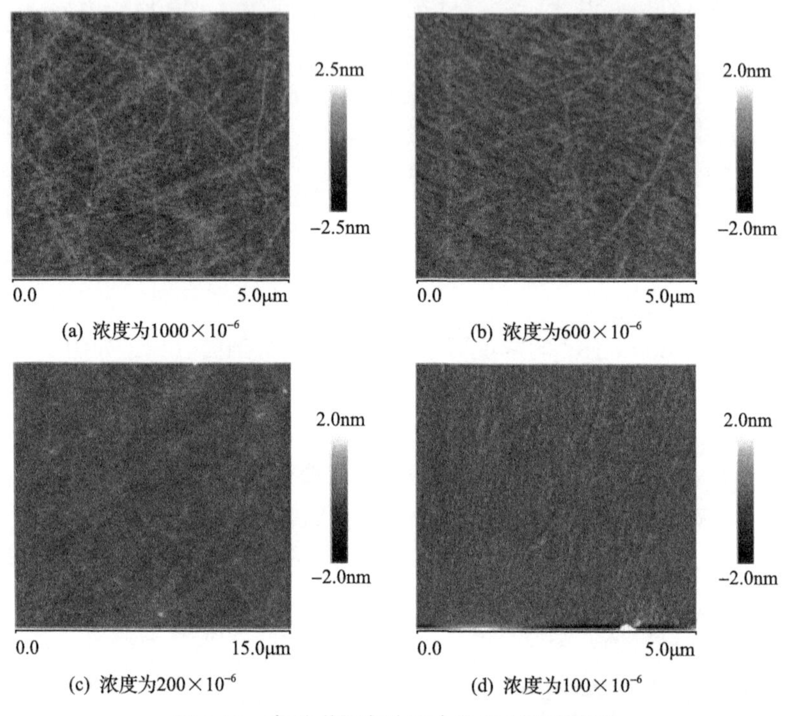

图 2-19　高黏弹超高分聚合物表面微观形貌

由原子力显微镜形貌分析结果可知，无论是低浓度还是高浓度，高黏弹超高分聚合物分子链能一直保持聚集状态。

由原子力表征结果可知，高黏弹超高分聚合物，从低浓度到高浓度都能够形成细长的网络结构，而常规聚合物由低浓度向高浓度增加过程中，存在一个聚集浓度，使分子链从分散向网状聚集，表明高黏弹超高分聚合物分子链之间能形成更强的聚集体。

五、基本物化性能及应用性能研究

通过常规的聚合物评价方法，对新型聚合物基本物理化学性能、增黏性、耐温性、抗盐性、抗剪切性、抗吸附性、长期热稳定性进行评价，并和常规聚合物进行对比。

（一）基本物化性能评价

分别对新型高黏弹超高分聚合物固含量、溶解时间、滤过比、水解度、表观黏度和特性黏数进行测试，测试结果和常规聚合物进行对比。

由表 2-8 测试结果可知，两种高黏弹超高分聚合物基本物化性能关键指标表观黏度和特性黏数相对于常规聚合物都有了较大幅度的提高，其中高黏弹超高分聚合物特性黏数达到了 3150mL/g，表观黏度达到 20mPa·s 以上，相对于常规聚合物提高幅度更大，且溶解时间和滤过比都满足驱油用聚合物标准要求。

表 2-8　新型高黏弹超高分聚合物和常规聚合物基本物化性能对比

样品名称	固含量/%	溶解时间/h	滤过比	水解度/%	表观黏度/(mPa·s)	特性黏数/(mL/g)
常规聚合物	89.5	2	1.02	20.9	12.9	2210
高黏弹超高分聚合物	90.1	2	1.05	21.3	21.9	3150
标准《驱油用聚丙烯酰胺：Q/SH 10201572—2017》				<24	12.5	

注：配制水为胜利油田Ⅱ类模拟水，矿化度为 19334mg/L，表观黏度溶液浓度为 1500mg/L，测试温度为 75℃。

（二）增黏性能评价

聚合物增黏性能是评价其驱油性能的一项重要指标，分别测试了高黏弹超高分聚合物在胜利油田Ⅱ类模拟水条件下不同浓度下的表观黏度，并和常规聚合物进行了对比。

由图 2-20 可知，两种聚合物的黏度均随着浓度的增加而平缓增加，且没有黏

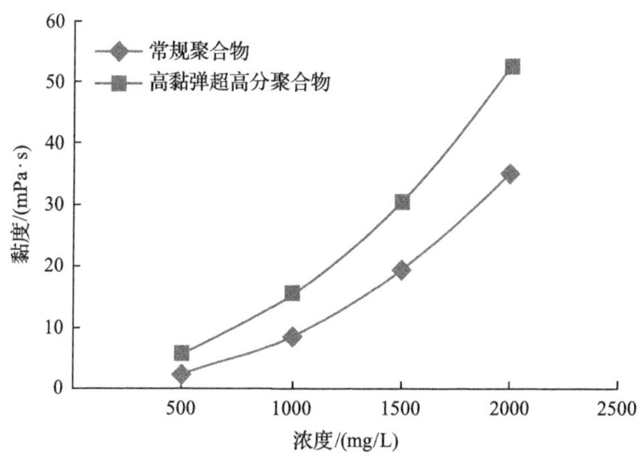

图 2-20　高黏弹超高分聚合物和常规聚合物增黏性对比

实验条件：配制水为胜利油田Ⅱ类模拟水，矿化度为 19334mg/L，表观黏度溶液浓度为 1500mg/L，测试温度为 75℃

度的突变点，但高黏弹超高分聚合物表观黏度随着浓度增加的幅度更大，表明高黏聚合物增黏性更好，且在 2000mg/L 条件下，黏度能够达到 50mPa·s。

（三）抗剪切性评价

聚合物经过地层时，要遭受地层的不断剪切，因此要求聚合物应该具有良好的抗剪切性能，所以需要考查聚合物的抗剪切性。

实验仪器：电子天平、数显搅拌器、烧杯、安东帕 MCR301 流变仪和毛细管剪切装置。

实验方法：把聚合物用胜利油田Ⅱ类模拟水配成浓度为 0.15%的溶液，通过毛细管剪切的方法，在一定的压力条件下使聚合物溶液快速通过毛细管，考查经过毛细管剪切前后聚合物溶液黏度的变化情况。

由图 2-21 的实验结果可知，高黏弹超高分聚合物由于在高矿化度水中分子链更不容易卷曲，分子链相互作用导致其弹性更好，抗剪切性也较好，常规聚合物在高矿化度水中分子链卷曲严重，分子链相互作用更弱，弹性更差，因此高速通过毛细管后，分子链也更容易剪断，抗剪切性也较差。

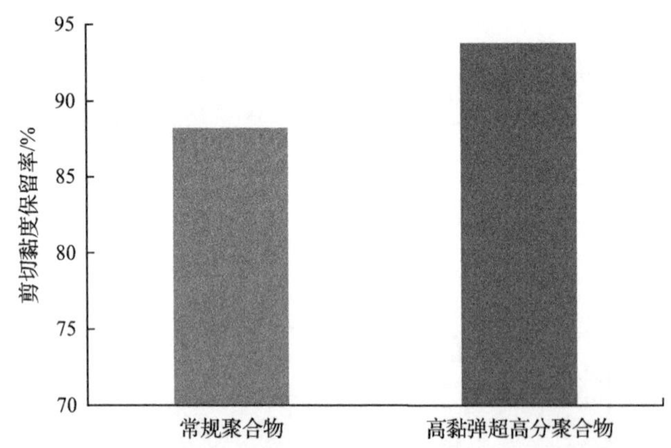

图 2-21　高黏弹超高分聚合物和常规聚合物抗剪切性对比

实验条件：配制水为胜利油田Ⅱ类模拟地层水，聚合物浓度为 1500mg/L，测试温度为 75℃

（四）热稳定性评价

聚合物要在地下产生长期的驱替作用，黏度必须具有长期的热稳定性能，因此需要对聚合物的热稳定性进行评价。

实验仪器：电子天平、数显搅拌器、烧杯、安东帕 MCR301 流变仪、鼓风干燥箱和真空泵。

实验方法：把聚合物用胜利油田Ⅱ类模拟水（矿化度为 19334mg/L）配成浓度

为 0.2%的溶液，对溶液抽真空除氧后，放入安瓿瓶中，把安瓿瓶放入 75℃的烘箱中，每隔一定时间用流变仪测试聚合物黏度，考查在 3 个月的条件下，聚合物黏度变化情况。

由图 2-22 可知，在胜利油田Ⅱ类油藏温度和矿化度条件下，随着老化时间的延长，两种新型聚合物在 3 个月时，黏度保留率仍然有 70%以上，表明高黏弹超高分聚合物在高温条件下稳定性更好，因此聚合物的稳定性更好，而常规聚合物由于在高温和高矿化度条件下酰胺根水解成羧酸根后和钙、镁离子结合，使聚合物分子链卷曲和沉淀，热稳定性较差。

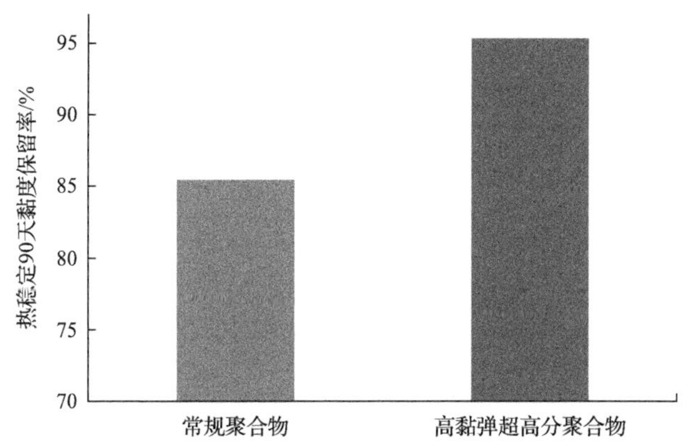

图 2-22　高黏弹超高分聚合物和常规聚合物热稳定性对比

从新型高黏弹超高分聚合物基本物理化学性能和溶液应用性能研究结果可以得出，高黏弹超高分聚合物相对于油田在用的常规聚合物具有明显的优势，由于聚合物溶液应用性能的评价，无论是增黏性、抗剪切性，还是热稳定性，是以研究聚合物溶液的黏度为主，黏度虽然是评价聚合物溶液性能好坏的一项重要参数，但是由于目前油藏条件越来越差，对聚合物溶液性能的要求也越来越高，为了增加聚合物溶液的表观黏度，聚合物在合成过程中都会引入一些疏水缔合单体或耐温抗盐单体而使聚合物在水溶液中产生结构黏度，因此黏度高的聚合物溶液驱油性能不一定好，所以除了需要对聚合物溶液黏度进行研究之外，还需要对影响聚合物驱油性能的关键参数进行表征。

六、黏弹性及流变性研究

（一）稳态剪切流变性研究

1. 实验仪器和方法

实验仪器：电子天平、数显搅拌器、烧杯和安东帕 MCR301 流变仪。

实验方法：把常规聚合物和高黏弹超高分聚合物，用Ⅱ类模拟水配成浓度为0.5%的母液，然后用模拟水稀释为浓度为0.2%的溶液，利用安东帕 MCR301 流变仪测试溶液的剪切流变性，并拟合剪切流变曲线。

2. 实验结果

由图 2-23 实验结果可知，在胜利油田Ⅱ类油藏条件下，两种聚合物溶液的剪切流变曲线均表现出“剪切稀释”假塑性流体特性，通过对流变曲线的拟合得出，两种聚合物溶液表观黏度和剪切速率都呈现幂函数关系 $\eta=K\gamma^{n-1}$，流变曲线更符合幂律模型[12-14]，其中聚合物溶液的增稠系数 K 值代表聚合物在该溶液中的稠度系数，K 值越大，聚合物在水溶液中增稠能力越强；n 值表示聚合物溶液的假塑性大小，也就是聚合物的分子链在水溶液中的舒展程度，n 值越小，表明聚合物分子链在水溶液中越舒展，舒展的分子链在通过孔喉过程中具有更好的弹性，能够产生更高的注入压力。

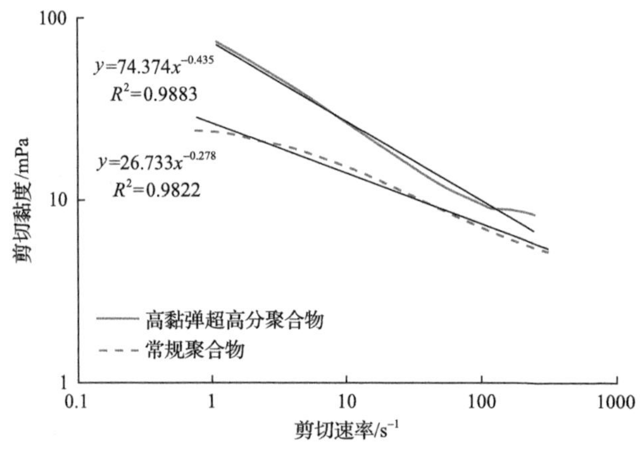

图 2-23　高黏弹超高分聚合物和常规聚合物剪切流变曲线对比

由两种聚合物溶液剪切流变曲线拟合数据可知(表 2-9)，常规聚合物溶液的 K 值最小，n 值最大，表明该聚合物在高矿化度盐水中增稠能力较差，同时分子链卷曲比较严重；高黏弹超高分聚合物在剪切速率在 1～300s^{-1} 条件下的稠度系数 K 相对常规聚合物有大幅增加，也就是增稠能力大幅增加，表明高黏弹超高分聚合物能够有效提高聚合物在高矿化度和高钙、镁离子水中的增稠系数，以及分子链在水溶液中的舒展程度，进而同时提高聚合物的黏性和弹性。

表 2-9　聚合物溶液剪切流变曲线拟合数据对比

聚合物样品	增稠系数 K	幂律指数 n
常规聚合物	26.733	0.435
高黏弹超高分聚合物	74.374	0.278

(二)聚合物溶液黏弹性研究

聚合物溶液的黏弹性分为动态条件下的黏弹性和稳态条件下的黏弹性。因此需分别研究聚合物溶液在动态条件下和稳态条件下的黏弹性[15-22]。

1. 聚合物溶液动态黏弹性测试

动态黏弹性指的是聚合物溶液在交变的应力或应变的作用下，表现出的力学响应规律，通过动态黏弹性的测试，可以获得聚合物溶液的黏性行为和弹性行为信息，并且可以得到聚合物溶液分子结构方面的信息。

动态黏弹性必须在聚合物溶液的线性黏弹性区域内进行，线性黏弹区域可限定为弹性模量 G'恒定的振幅区域。若选用高振幅及随之产生的高应变和应力，就会偏离线性黏弹区域，那么用不同仪器和不同实验条件测试样品，得到的数据会有无法解释的偏差。在非线性条件下，样品被破坏到一定程度，分子或聚集体内部的瞬时键遭到破坏，产生了剪切稀释，施加的能量大部分转化为热量损耗掉，并且该过程不可逆。因此，进行聚合物溶液的动态实验时，必须从应变振幅扫描开始，一般采用将频率固定于 1Hz 进行应变振幅扫描。

图 2-24 为驱油用聚合物的应变扫描图，通过对驱油用聚合物的应变扫描结果可知，在应变为 20%以内，驱油用聚合物的弹性模量数值基本不变，因此确定驱油聚合物溶液的线性黏弹区间为 $\gamma\leqslant 20\%$。

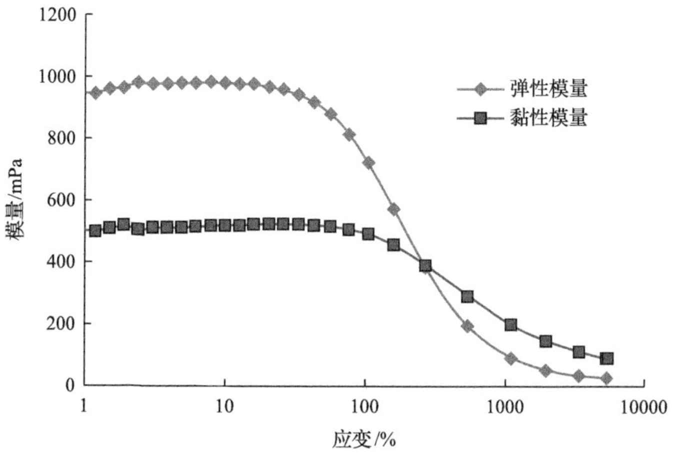

图 2-24　驱油用聚合物的应变扫描图

选取测试的应变 $\gamma=20\%$，将频率固定于 1Hz 进行动态黏弹性测试。

实验条件：聚合物为常规聚合物、高黏弹超高分聚合物；聚合物浓度为 0.2%；配制方式为Ⅱ类模拟水配母液，模拟水稀释；测试温度为 75℃。

由图 2-25 和图 2-26 实验结果可知：在相同浓度条件下，高黏弹超高分聚合物的弹性模量 G'大幅高于常规聚合物，且能达到 100mPa 以上，高黏弹超高分聚合物的相位角远低于常规聚合物，表明高黏弹超高分聚合物弹性占比更高，更有利于提高注入压力和利用弹性提高驱油效率。

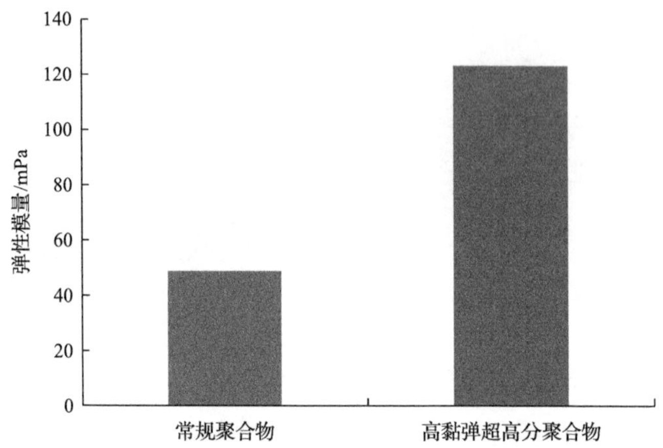

图 2-25　高黏弹超高分聚合物和常规聚合物黏弹性对比

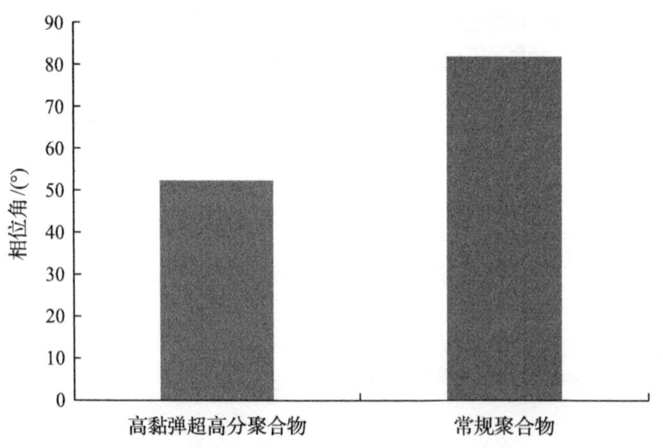

图 2-26　高黏弹超高分聚合物和常规聚合物相位角对比

2. 聚合物溶液稳态黏弹性测试

聚合物在地层运移过程中实际受到地层多孔介质的剪切应力方向是不变的，在这种条件下表现出的弹性行为称为聚合物的稳态黏弹性。它和聚合物在实际地层运移过程中的黏弹性关系更密切，因此测试聚合物的稳态黏弹性更能反映聚合物溶液在地层运移过程中实际的黏弹性。

聚合物在稳态剪切过程中表现出的弹性行为主要以法向应力差（N_1）和魏森贝格数表示。法向应力差值的大小是高分子流体弹性效应的量度，但是法向应力效应在牛顿流体中并不出现，它是黏弹性流体流动时弹性行为的主要表现，法向应力差分为第一法向应力差和第二法向应力差，由于驱油聚合物溶液第二法向应力差很小[6]，因此目前对驱油用聚合物稳态流变下弹性的评价以第一法向应力差为主，第一法向应力差 N_1 定义为流动方向与速度梯度方向上应力的差值：

$$N_1 = \tau_{11} - \tau_{22} \tag{2-5}$$

式中，τ_{11} 为流动方向上的应力；τ_{22} 为速度梯度方向上的应力。

对聚合物溶液魏森贝格效应的描述可以用魏森贝格数表示，它是一个无量纲数，以 Wi 表示，它的定义为第一法向应力差 N_1 与剪切应力 τ 的比值，即

$$Wi = \frac{N_1}{\tau} \tag{2-6}$$

式(2-5)和式(2-6)中，第一法向应力差 N_1 为弹性量，剪切应力 τ 为黏性量，因此魏森贝格数 Wi 反映溶液弹性的相对大小。当 Wi 很大时，流动特征主要由第一法向应力差决定，即弹性起主要作用；当 Wi 很小时，流动特征主要由黏性力决定。通过 Wi 可知黏弹性流体在流动过程中弹性和黏性所起的作用。

目前无法通过流变仪直接测量魏森贝格数，但是可以首先通过流变仪测量不同剪切速率条件下聚合物溶液的第一法向应力差，同时可以得到不同剪切速率条件下的剪切应力值，两者相比即可得到溶液的魏森贝格数。

实验条件：聚合物为常规聚合物、高黏弹超高分聚合物；聚合物浓度为0.2%；配制方式为Ⅱ类模拟水配母液，模拟水稀释；测试温度为85℃。

由图 2-27 和图 2-28 的实验结果可知，高黏弹超高分聚合物无论是代表弹性的 N_1，还是反映溶液弹性相对大小的魏森贝格数 Wi，相对于常规聚合物都有大幅度提高，表明高黏弹超高分聚合物在地层运移过程中都具有较高的弹性，相对于常规聚合物，可以较大幅度提高注入压力。

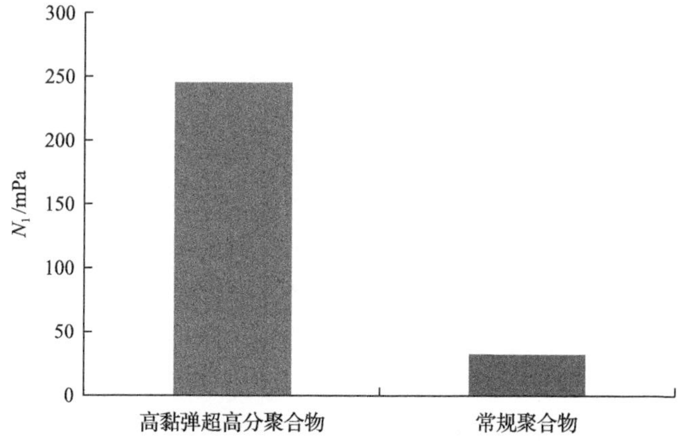

图 2-27　高黏弹超高分聚合物和常规聚合物第一法向应力差对比

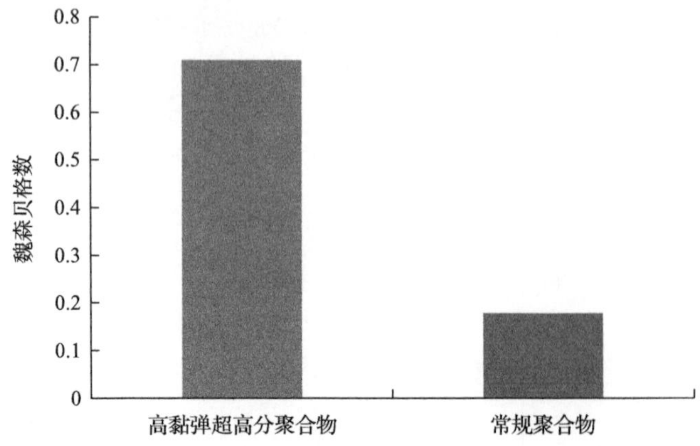

图 2-28　高黏弹超高分聚合物和常规聚合物魏森贝格数对比

(三)拉伸流变性研究

驱油用聚合物溶液流变性的重要程度显而易见。当聚合物溶液在孔隙中流动时，在喉道入口处，聚合物溶液既有拉伸流动又有剪切流动，在液流中心部位的拉伸流动最快。在喉道中间，聚合物溶液主要受剪切力的影响，在液流中心部位也存在一些拉伸流动特性。在喉道出口处，聚合物溶液主要表现出拉伸流动的特性。因此聚合物溶液在孔隙中流动时，表现出黏性和弹性。早期的聚合物驱油机理认为，聚合物的作用是通过增加驱替液流体黏度，降低水油流度比，增大波及体积，从而达到提高原油采收率的目的。

聚合物驱不仅可以提高波及效率，还可以提高水波及域内的驱油效率。提高驱油效率的机理表现为：①本体黏度可以改善水油流度比，扩大波及体积；②油水界面黏度是聚合物溶液驱替膜状、孤岛状残余油的主要原因；③拉伸黏度使聚合物溶液存在弹性，是驱替盲端残余油及提高地下聚合物有效黏度的主要原因。聚合物溶液具有剪切变稀的流变特性，然而高分子溶液的拉伸黏度随拉伸应力的变化，比其剪切黏度随剪切应力的变化显示出复杂得多的性质。拉伸黏度是黏弹性流体的一项重要的评价参数，拉伸流变能够更客观地反映溶液中聚合物分子的存在状态及作用大小，同时反映溶液的弹性强弱，而溶液弹性强弱直接影响其在多孔介质中的运移情况。通过拉伸流变性能测试可以更全面地了解聚合物溶液性能，为微观驱油机理解释，油田用聚合物的筛选、质量控制、新型聚合物开发提供技术指导，可用于适合Ⅲ类油藏条件的功能型聚合物的筛选，降低现场实施风险。

目前尚无一种恰当的理论能够预测拉伸黏度的变化规律，故只能通过实验来测定。相对于剪切流变参数而言，测量拉伸流变参数难度要大很多，一方面是因为难以得到维持稳定的拉伸流动状态；另一方面，最重要的参数并非流体的稳态拉伸黏度，而是它的瞬态拉伸黏度。同时，在拉伸流变参数的测量过程中，还常受到多种因素的干扰，使测量失去准确性。

CaBER1 拉伸流变仪是由剑桥聚合物研究小组专为低中黏度流体设计的，由 Karlsruhe 热电公司制造生产，该仪器是目前唯一工业化的适合于中低黏度流体的拉伸流变仪，如图 2-29 所示，它的主要工作部件包括激光测微仪、线性马达和上下测量板，以单轴拉伸模型为基础，在上下测量板中间加入一定体积聚合物溶液，通过仪器的线性马达迅速把上测量板提升到一定高度，这样上下测量板中间就形成了一条液体丝线，然后通过激光测微仪测量液体丝线中间直径大小 D_{mid} 随时间的变化，就可以得到 $D_{mid}(t)$-t 曲线。由 $D_{mid}(t)$-t 曲线的形状就可以初步判定所测

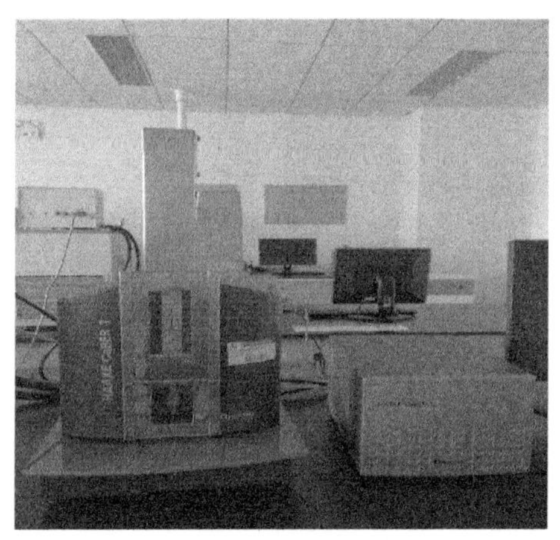

(a) 拉伸流变仪

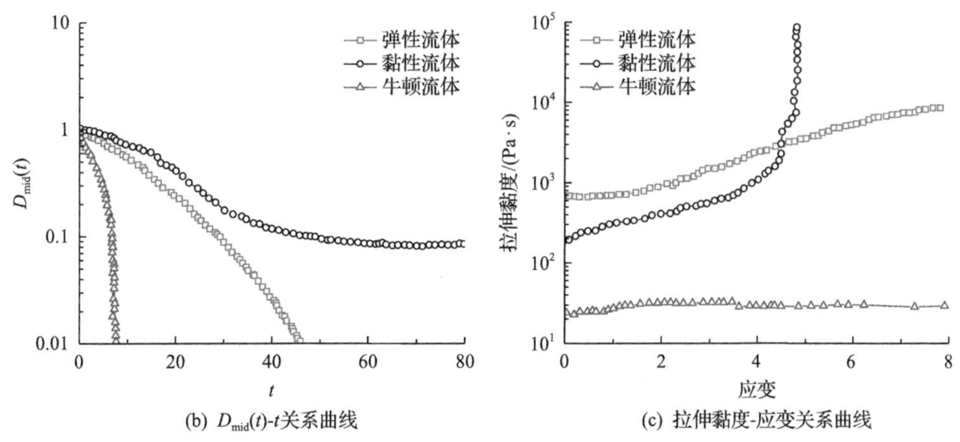

(b) $D_{mid}(t)$-t关系曲线　　(c) 拉伸黏度-应变关系曲线

图 2-29　CaBER1 拉伸流变仪示意图及原理

流体是牛顿流体还是黏弹性流体。例如，牛顿流体，在拉伸应力作用下主要通过克服分子间的内摩擦力使丝线均匀快速地变细直至断裂，一般丝线的拉断时间较短。对于黏弹性流体，由于分子间存在相互作用，在一定的拉伸应力作用下，不仅要克服分子间的内摩擦力，而且要克服由于分子间相互作用的力，所以丝线逐渐地变细直至断裂，丝线的拉断时间长。

由于拉出的液体丝线主要是在毛管压力的作用下逐渐变细直至断裂的，所以在聚合物溶液的表面张力(σ)及 $D_{\mathrm{mid}}(t)$-t 曲线已知的情况下，通过下述公式就可计算出聚合物的拉伸应变 $\varepsilon(t)$、拉伸应变速率 $\dot{\varepsilon}(t)$ 及拉伸黏度 $\eta_{\mathrm{E}}(\varepsilon)$ 等参数：

$$\varepsilon(t)=2\ln(D_0/D_{\mathrm{mid}}(t)) \tag{2-7}$$

$$\dot{\varepsilon}(t)=\frac{2}{D_{\mathrm{mid}}(t)}\frac{\mathrm{d}D_{\mathrm{mid}}(t)}{\mathrm{d}t} \tag{2-8}$$

$$\eta_{\mathrm{E}}(\varepsilon)=\frac{2\sigma/D_{\mathrm{mid}}(t)}{\dot{\varepsilon}(t)} \tag{2-9}$$

式中，D_0 为液体丝线初始直径；$D_{\mathrm{mid}}(t)$ 为液体丝线中间直径。

为了使所测数据更规整，通过仪器软件中提供的麦克斯韦黏弹性流体模型对上述 $D_{\mathrm{mid}}(t)$ 数据进行拟合处理，见式(2-10)，就可以得到较为光滑的拉伸黏度与拉伸应变之间的关系曲线，同时模型还计算出了液体丝线的应力松弛时间(λ_{c})的数据，便于不同聚合物拉伸流变性能的比较。

$$D_{\mathrm{mid}}(t)=D_0(GD_0/\sigma)^{1/3}\exp(-t/3\lambda_{\mathrm{c}}) \tag{2-10}$$

式中，λ_{c} 为应力松弛时间；G 为拟合出来的常数。

聚合物的拉伸黏度越大，对应的松弛时间、实验断裂时间、相对断裂时间、计算断裂时间越大，对应的应变速率越小。聚合物相对分子质量越高，分子间越易发生缠结使其水动力学尺寸增大，剪切黏度也就越大；涉及破坏溶液中聚合物网状结构的拉伸流变测试时，聚合物分子间作用力更强、网状结构更牢固，其拉伸黏度越大、弹性越强。

实验条件：聚合物为常规聚合物、高黏弹超高分聚合物；聚合物浓度为 0.5%；配制方式为Ⅱ类模拟水配制；测试温度为 25℃。

由图 2-30 实验结果可知，随着拉伸应变的增加，两种聚合物的拉伸黏度逐渐增加，但在相同的拉伸应变条件下，高黏弹超高分聚合物的拉伸黏度更高，表明高黏弹超高分聚合物相对于常规聚合物的拉伸黏度都有大幅度提高，进一步表明高黏弹超高分聚合物通过大幅度提高分子量，改变聚合物分子构象，能够有效提高聚合物的黏弹性。

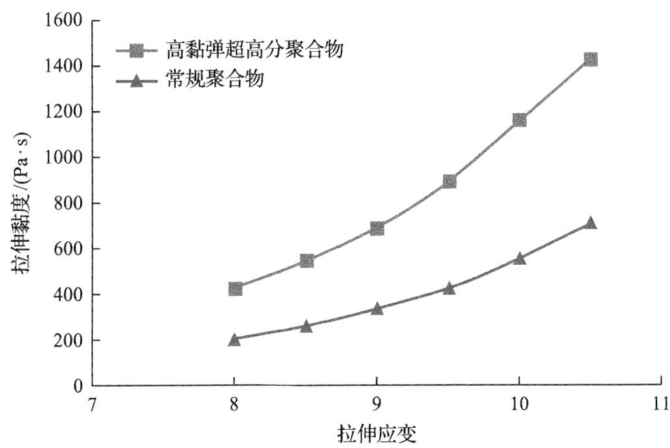

图 2-30　高黏弹超高分聚合物和常规聚合物拉伸流变性对比

(四)聚合物-原油界面流变性研究

界面扩张流变性质是流体界面的重要性质之一，它与强化采油、乳化和破乳、萃取、抽提、洗涤等涉及界面的众多工业过程密切相关。由于界面扩张流变性质产生的基础是界面上或界面附近存在的微观弛豫过程，界面扩张性质的相关参数可以反映界面微观过程的信息，对工业实践过程有重要的指导意义。

界面流变特征能直接用剪切、压缩/扩张方式测量出来。剪切黏弹性是一种对形变的阻抗，是对吸附层的机械力直接测量的结果。扩张流变性是通过测量膜的界面张力(表面压)的变化而得到。界面黏弹模量定义为界面张力与界面面积相对变化的比值。实验表明，对同一单分子层而言，扩张的界面性质要比相应的剪切性质高出几个数量级。因此，扩张性质是流体力学和界面科学的一个重要参数。本书针对的是界面扩张流变性，通过测试高黏弹超高分聚合物和常规聚合物界面扩张流变学特征，考查两种聚合物和原油界面膜的强度，明确两种聚合物在地层驱油过程中弹性驱油的能力。

1. 实验仪器

仪器为法国I.T.CONCEPT公司的TRACKER全自动液滴界面流变仪(图2-31)。

2. 实验过程

为了避免原油活性组分对测量过程中界面性质的影响，选用十二烷代替油相进行研究。将光源②、内装聚合物溶液的比色皿和电耦合器件(charge coupled device, CCD)照相机⑤成一排放于仪器底座①上，调节装有滴注入驱动装置③和控制马达④形成液滴后，液滴剖面通过CCD照相机数字转换到计算机⑥上，并计算和记录任一时刻液滴面积、液滴体积及界面张力。

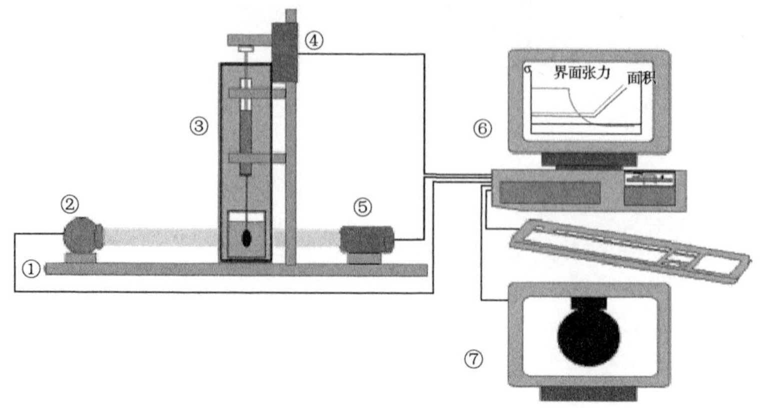

图 2-31　全自动液滴界面流变仪示意图

①底座；②光源；③滴注入驱动装置；④马达；⑤CCD 照相机；⑥计算机；⑦图像监视器

3. 实验条件

聚合物：常规聚合物、高黏弹超高分聚合物。

聚合物浓度：0.15%。

配制方式：蒸馏水配制。

测试温度：25℃。

4. 实验结果

由图 2-32 实验结果可知，两种聚合物的界面黏弹模量随时间的变化逐渐降低，最终在 1h 基本达到稳定，高黏弹超高分聚合物达到稳定时的界面黏弹模量明显高于常规聚合物，表明大幅提高聚合物分子量后，能够大幅提高聚合物和原油的界面膜强度。

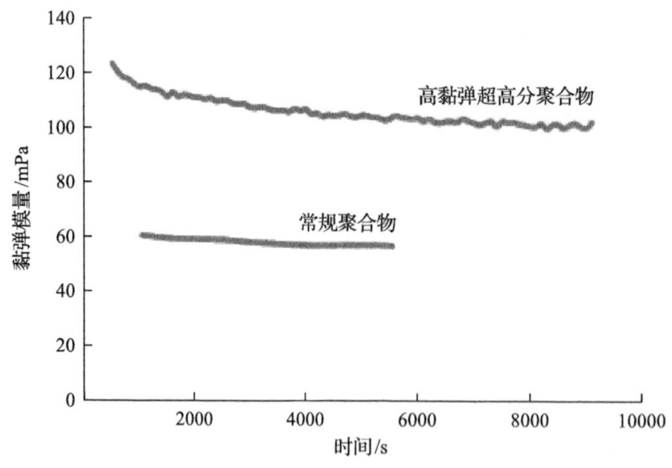

图 2-32　高黏弹超高分聚合物和常规聚合物界面黏弹模量随时间变化曲线

由图 2-33 实验结果可知，高黏弹超高分聚合物界面黏弹模量的提高，主要是提高了界面储存模量(弹性模量)，因此新型聚合物利用弹性提高驱油效率的能力更强。

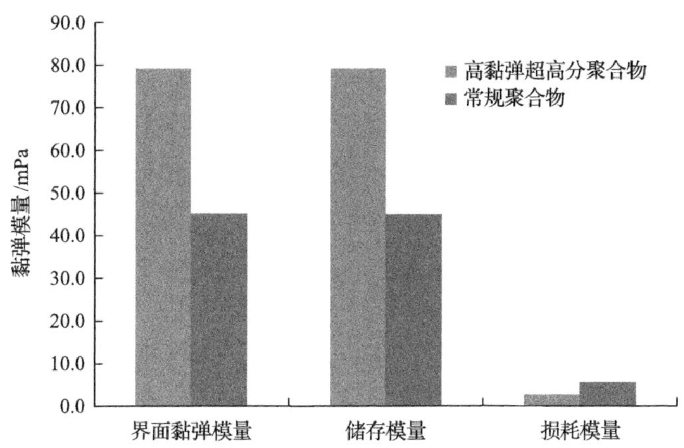

图 2-33　高黏弹超高分聚合物和常规聚合物稳定界面黏弹模量、储存模量和损耗模量对比

七、渗流规律及驱油机理研究

开展不同类型聚合物溶液在不同结构孔喉模型中的流动模拟实验，与其在等径毛细管中流动特性比较，分析高黏弹超高分聚合物溶液在多孔介质中的渗流机理，开展黏弹性流体在孔喉模型中流动的理论计算，研究高黏弹超高分聚合物溶液在孔喉中的流动规律、见效特征及驱油机理研究。

(一) 高黏弹超高分聚合物多孔介质中的渗流规律研究

考查高黏弹超高分聚合物在岩心中的渗流规律，并和常规聚合物进行比较。

该实验所用岩心夹持器分别在距离入口端 0cm、5cm、10cm、15cm、20cm 及 25cm 处设置了 6 个测压点(前期实验测压点较少)，以此分析聚合物溶液在人造均质长岩心不同部位的渗流特性。

阻力系数和残余阻力系数都是描述聚合物驱过程中提高波及效率能力的重要指标。阻力系数用来描述聚合物降低流度比的能力大小，是水的流度与聚合物溶液的流度之比。残余阻力系数用来表征聚合物降低渗透率的能力大小，是聚合物驱前后油层水相渗透率之比。

通过监测模拟地层水(矿化度为 19334mg/L)配制的黏度在 50mPa·s 左右($7.34s^{-1}$ 条件下通过流变仪测得)的高黏弹超高分聚合物和常规聚合物溶液，以 3m/d 的注入速度流经渗透率为 $0.7\mu m^2$ 左右的均质岩心各测点的压力变化，进一步分析压力梯度、阻力系数及残余阻力系数的变化规律，从而表征不同类型聚合物在岩心中的渗流特性。

将 30cm 长岩心分为 0～10cm（上游）、10～20cm（中游）、20～30cm（下游）三段，长岩心平均液测渗透率在 0.7μm^2 左右。

1. 同类型聚合物岩心渗流实验压力分布

图 2-34 是高黏弹超高分聚合物和常规聚合物在均质岩心中的压力变化曲线。

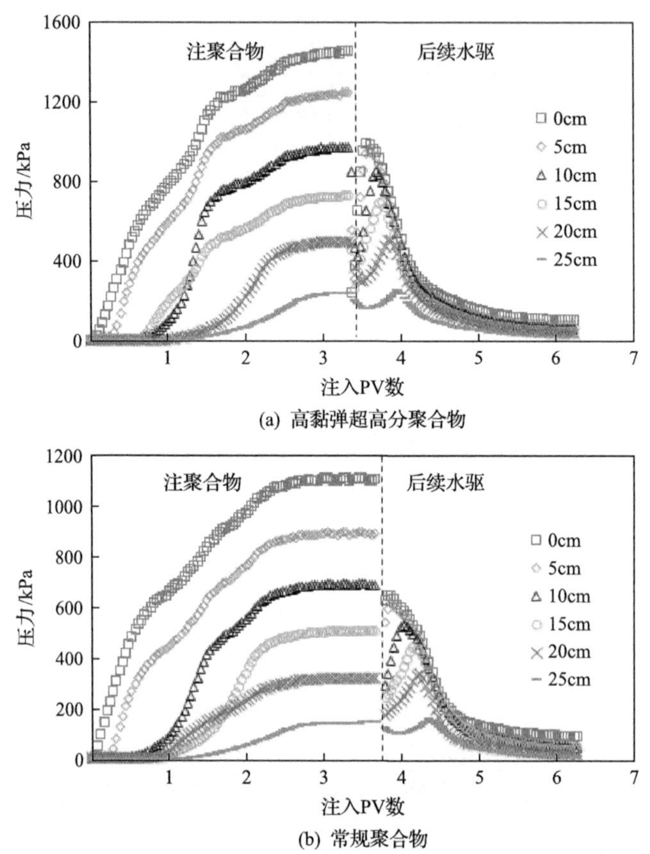

(a) 高黏弹超高分聚合物

(b) 常规聚合物

图 2-34　不同类型聚合物流经渗透率为 0.7μm^2 的均质岩心的压力曲线

由图 2-34 可知，在注聚合物阶段，不同类型聚合物溶液在岩心中的流动压力随着运移距离的增加而逐渐减小。在相同的运移距离条件下，高黏弹超高分聚合物和常规聚合物在岩心中的流动压力依次降低。

2. 不同类型聚合物岩心渗流实验（残余）阻力系数分布

图 2-35 和图 2-36 是不同类型聚合物流经岩心各段的阻力系数与残余阻力系数稳定值分布直方图。

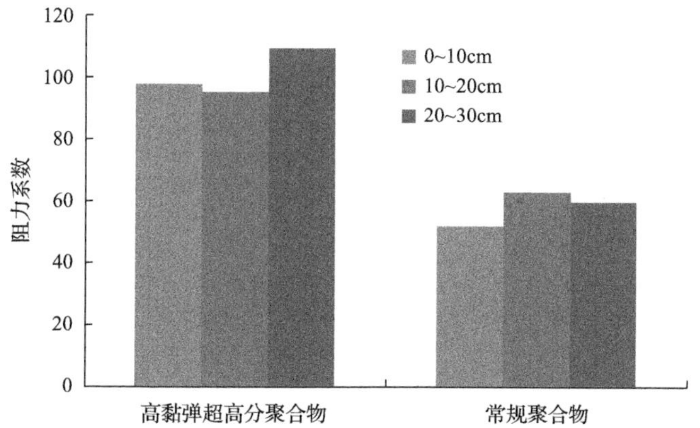

图 2-35　不同类型聚合物流经渗透率为 0.7μm^2 的均质岩心的阻力系数

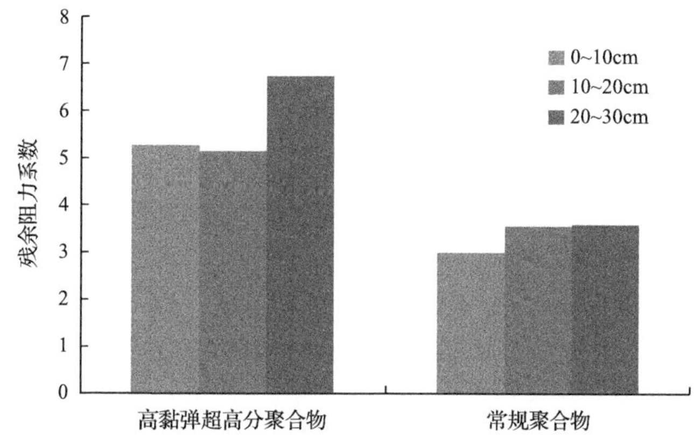

图 2-36　不同类型聚合物流经渗透率为 0.7μm^2 的均质岩心的残余阻力系数

由图 2-35 和图 2-36 可知：无论流经岩心上游、中游，还是下游，高黏弹超高分聚合物和常规聚合物的阻力系数都较稳定；高黏弹超高分聚合物阻力系数和残余阻力系数相对于常规聚合物都有较大提高。

通过对高黏弹超高分聚合物在岩心中的渗流规律和特征的研究可以得出，高黏弹超高分聚合物在岩心运移过程中扩大波及能力更强，且不会出现吸附量较大、堵塞岩心的情况，聚合物在向前运移过程中，能够整体向前推进，在岩心中具有良好的运移性能。在后续水驱过程中，有部分聚合物滞留在岩心中，但滞留量一般不大，既能够降低水相渗透率，又不至于堵塞岩心。

（二）高黏弹超高分聚合物在多孔介质中驱替特征研究

利用可视化胶结岩心，对高黏弹超高分聚合物的驱油性能和驱替特征进行研究。通过石英砂胶结岩心使渗流过程接近真实油藏；储层条件模拟，使油、聚合物等流体的流变状态与真实储层条件尽量一致。

可视化驱替实验是利用自制的玻璃填砂仿真油藏微流控岩心片进行的，实验用到的主要仪器包括可视化驱替实验装置、进口微量注入泵 100DX、图像量化采集分析系统、NDJ-1 黏度计、真空泵、电子搅拌器等。可视化驱替实验装置如图 2-37 所示。

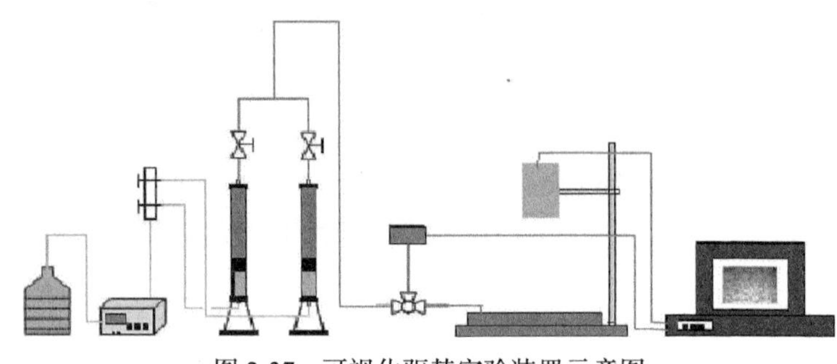

图 2-37　可视化驱替实验装置示意图

每组实验测试均采用相同规格、相同渗透率的油藏微流控岩心片，统一驱替流速、流量和流程。原油测试组黏度分别为 180mPa·s、260mPa·s 和 440mPa·s(测试环境温度的差异可能导致原油黏度变化，因此以实验前测试值为准)，注入聚合物分别为高黏弹超高分聚合物和常规聚合物。

实验流程为：模型饱和水、饱和油；初始水驱至产出液含水大于 98%；注入 0.3PV 聚合物，注聚后恢复水驱至产出液含水大于 98%；关闭原注入井，转两侧井变流线水驱至产出液含水大于 98%；注入 0.3PV 聚合物，注聚后恢复水驱至产出液含水大于 98%时结束(表 2-10)。

表 2-10　驱替实验基础条件参数

模拟注入水矿化度/(mg/L)	聚合物注入量/PV	驱替流速/(mL/min)
19334	0.3	0.25

1. 不同高黏原油条件下，高黏弹超高分聚合物驱油见效特征

利用均质可视化填砂模型观察并测定了高黏弹超高分聚合物和常规聚合物驱替见效特征，不同时刻剩余油分布情况，并进行分析对比。

由不同原油黏度原油水驱后注入聚合物的微观驱替特征可以得出(图 2-38～图 2-40)，在高黏油藏条件下，水驱后注入高黏弹超高分聚合物和常规聚合物，高黏弹超高分聚合物黏度和弹性以及在多孔介质中的有效黏度更高，因此它扩大波及的能力远高于常规聚合物，且原油黏度越高，高黏弹超高分聚合物扩大波及的能力越强。

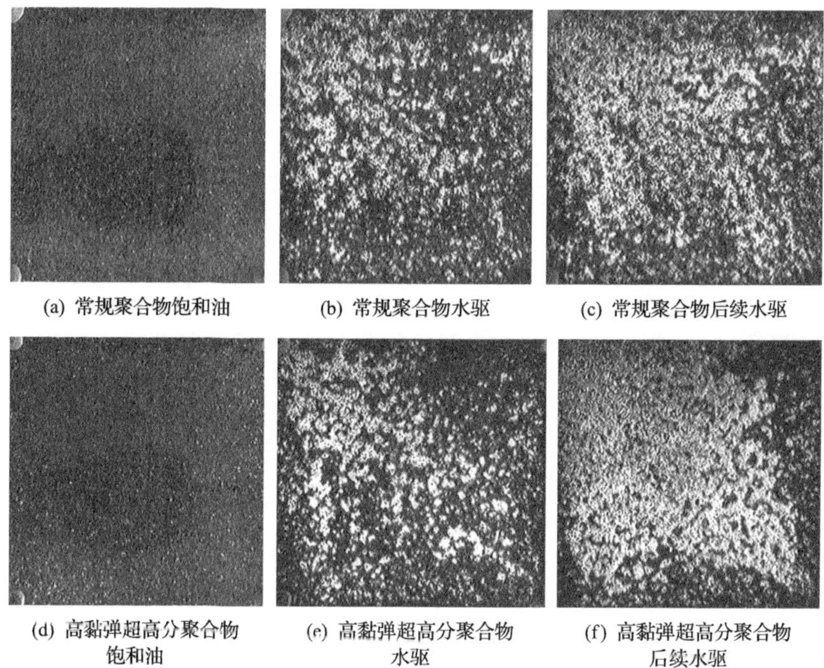

(a) 常规聚合物饱和油　(b) 常规聚合物水驱　(c) 常规聚合物后续水驱

(d) 高黏弹超高分聚合物饱和油　(e) 高黏弹超高分聚合物水驱　(f) 高黏弹超高分聚合物后续水驱

图 2-38　常规聚合物和高黏弹超高分聚合物驱油见效特征对比(原油黏度为 180mPa·s)

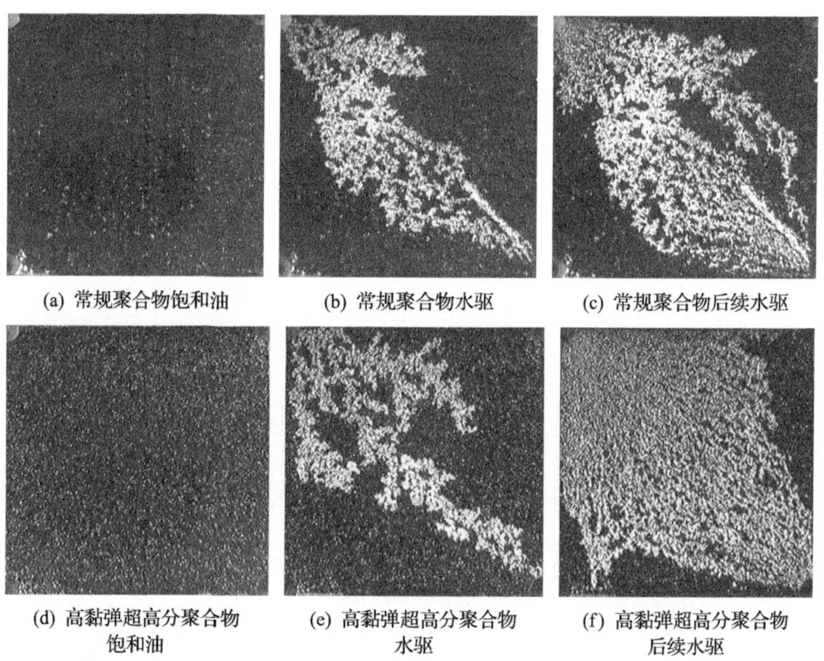

(a) 常规聚合物饱和油　(b) 常规聚合物水驱　(c) 常规聚合物后续水驱

(d) 高黏弹超高分聚合物饱和油　(e) 高黏弹超高分聚合物水驱　(f) 高黏弹超高分聚合物后续水驱

图 2-39　常规聚合物和高黏弹超高分聚合物驱油见效特征对比(原油黏度为 260mPa·s)

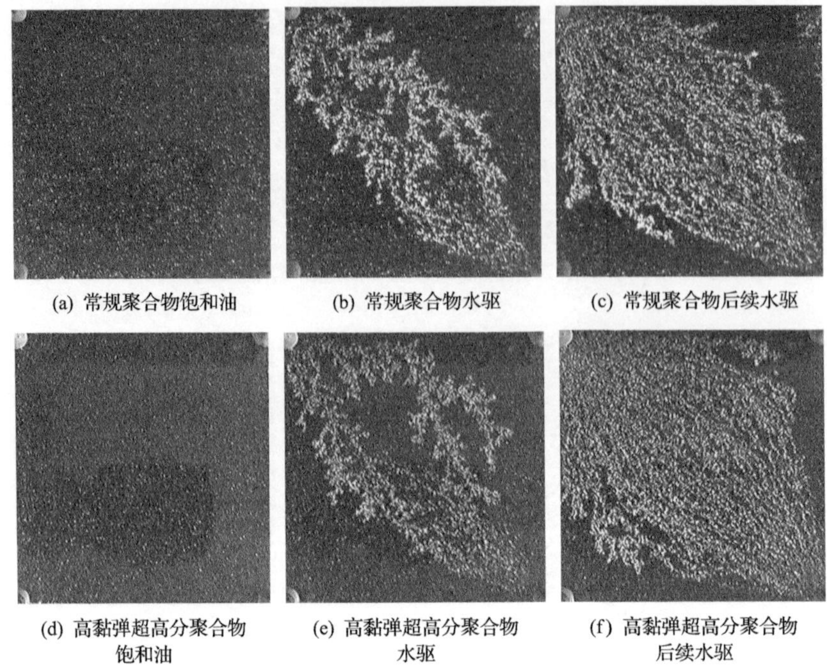

(a) 常规聚合物饱和油　(b) 常规聚合物水驱　(c) 常规聚合物后续水驱

(d) 高黏弹超高分聚合物饱和油　(e) 高黏弹超高分聚合物水驱　(f) 高黏弹超高分聚合物后续水驱

图 2-40　常规聚合物和高黏弹超高分聚合物驱油见效特征对比(原油黏度为 440mPa · s)

2. 不同渗透率条件下，高黏弹超高分聚合物驱油见效特征

考查相同原油黏度条件下(440mPa · s)，不同渗透率条件下高黏弹超高分聚合物驱油见效特征。

由相同原油黏度、不同渗透率岩心水驱后注入聚合物的微观驱替特征可以得出，在高黏油藏条件下，水驱后注入高黏弹超高分聚合物，都能够较大幅度扩大波及能力，相对于常规聚合物具有更好的驱替见效特征。因此无论对于中高渗透油藏还是高渗透油藏，高黏弹超高分聚合物都有较好的驱油效果，见效特征更明显(图 2-41、图 2-42)。

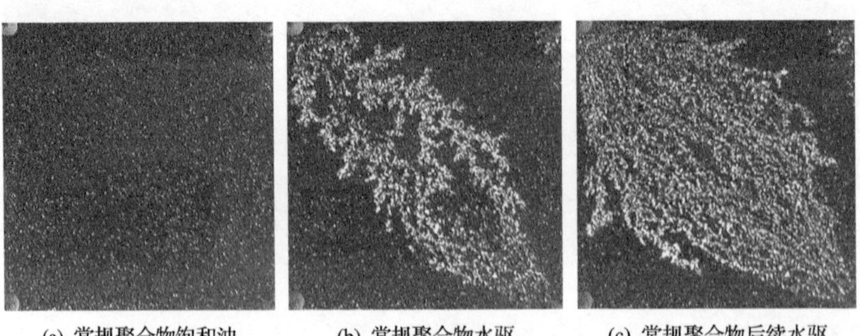

(a) 常规聚合物饱和油　(b) 常规聚合物水驱　(c) 常规聚合物后续水驱

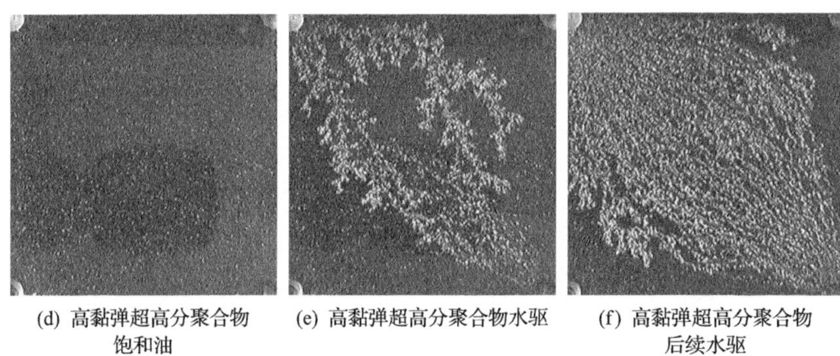

(d) 高黏弹超高分聚合物饱和油　(e) 高黏弹超高分聚合物水驱　(f) 高黏弹超高分聚合物后续水驱

图 2-41　常规聚合物和高黏弹超高分聚合物驱油见效特征对比(渗透率为 $1000\times10^{-3}\mu m^2$)

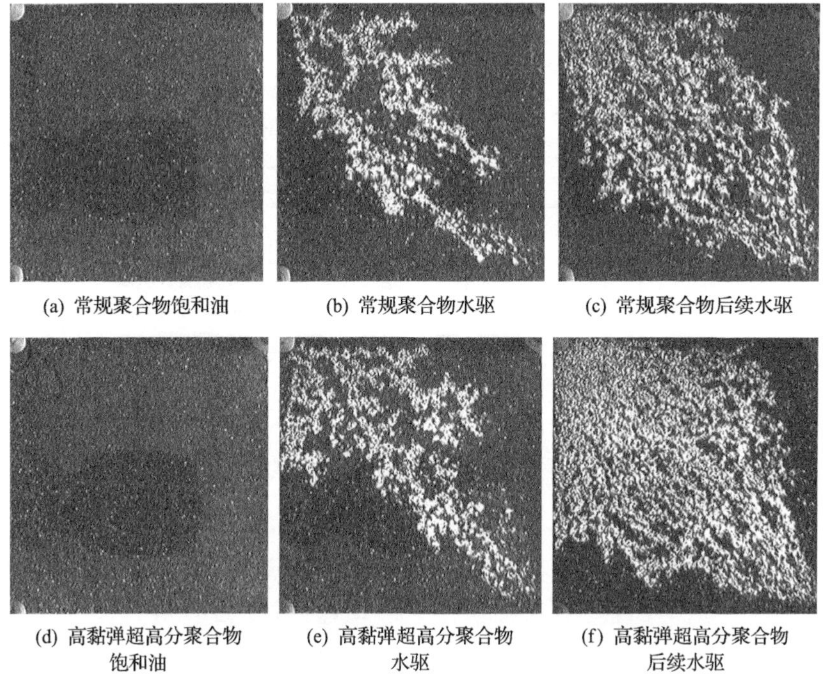

(a) 常规聚合物饱和油　(b) 常规聚合物水驱　(c) 常规聚合物后续水驱

(d) 高黏弹超高分聚合物饱和油　(e) 高黏弹超高分聚合物水驱　(f) 高黏弹超高分聚合物后续水驱

图 2-42　常规聚合物和高黏弹超高分聚合物驱油见效特征对比(渗透率为 $3000\times10^{-3}\mu m^2$)

3. 均质岩心条件下，高黏弹超高分聚合物驱油见效特征

为了更好地体现不同高黏弹超高分聚合物的驱油效果，设计了两个不同渗透率级差的油藏填砂岩心片(200mm×150mm)，渗透率分别为 1000×10^{-3}～$3000\times10^{-3}\mu m^2$，为使注剂在各层有同样的选择性，在前后设置了两条缓冲带(图 2-43)。

利用非均质油藏岩心片可视化驱替观察并测定了聚合物驱提高采收率的效果，不同时刻剩余油分布情况见图 2-44。

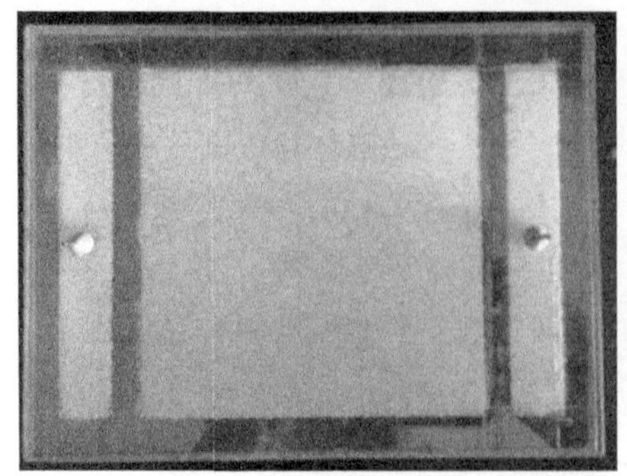

(a) A面　(b) B面

图 2-43　非均质胶结岩心可视化模型

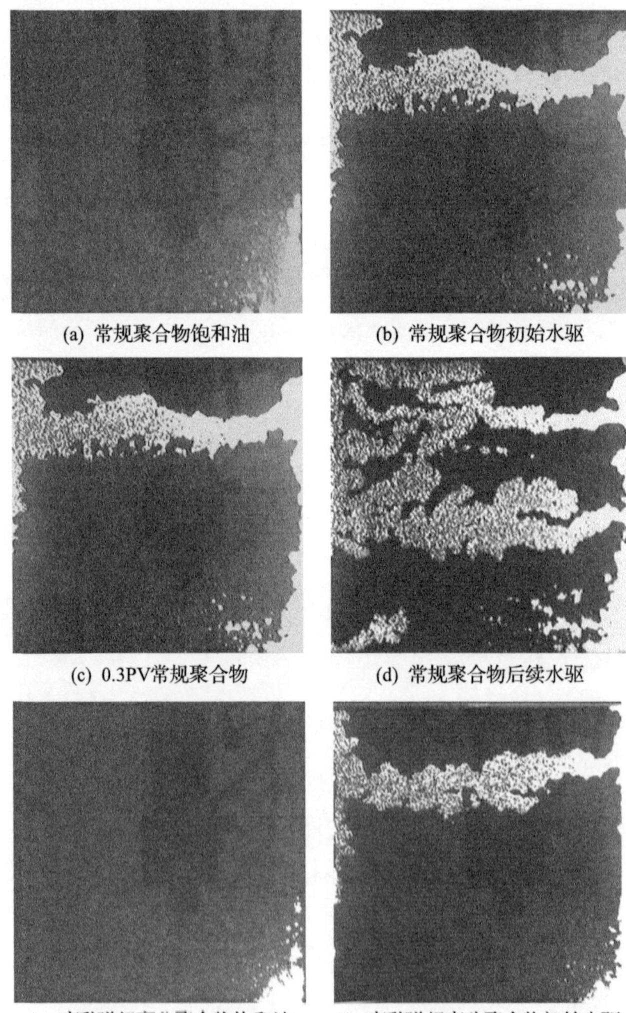

(a) 常规聚合物饱和油　(b) 常规聚合物初始水驱

(c) 0.3PV常规聚合物　(d) 常规聚合物后续水驱

(e) 高黏弹超高分聚合物饱和油　(f) 高黏弹超高分聚合物初始水驱

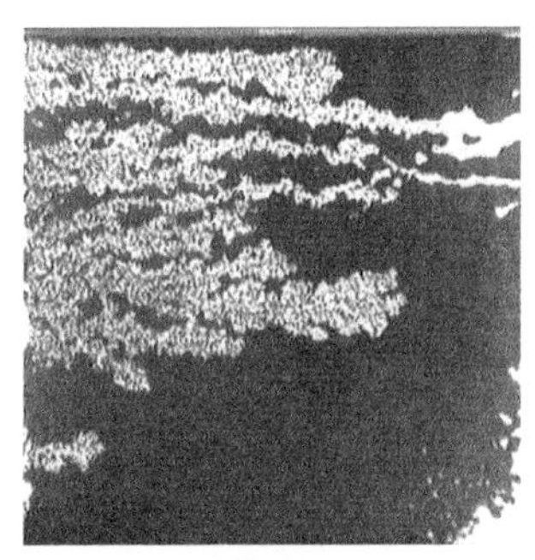

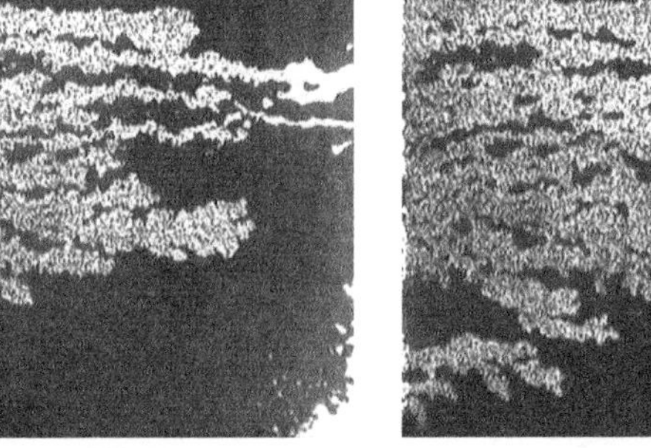

(g) 0.3PV高黏弹超高分聚合物　(h) 高黏弹超高分聚合物后续水驱

图 2-44　非均质岩心条件下常规聚合物和高黏弹超高分聚合物驱油特征对比

由非均质岩心条件下两种聚合物的驱油见效特征对比可以看出，高黏弹超高分聚合物也具有更好地扩大波及的能力，最终提高采收率的程度远高于常规聚合物。

(三)高黏弹超高分聚合物在多孔介质中见效特征研究

利用三维平板物理模型，研究非均质条件下，水驱后注入新型高黏弹超高分聚合物后，各个层位的含油饱和度，进一步认识高黏弹超高分聚合物的见效特征和规律，以指导现场应用。

利用电阻法测定岩心中含油饱和度，该技术测试的原理是油气不导电，油藏中油气层的基质也不导电，但是岩石中含有的各种盐类物在水中会产生电离，电离产生正、负离子，在电场的作用下能形成稳定电流，正、负离子发生运动，并且岩石中盐浓度越高，电阻值越小。即在其他条件相同的情况下，水的矿化度越高即水中含盐量越高，水的导电能力越强，所测得的电阻值也就越小；反之，水的矿化度越低即含盐量越少，水的导电能力也就越弱，所测得的电阻值越大。因此，想要判断和了解驱替过程中油水前缘位置，可以通过模型内部各点电阻值的变化进行确定。

油藏地层中电阻值的大小主要受模型孔隙介质的形状、含水的矿化度以及油水比例的影响。当孔隙介质、水矿化度不变时，电阻值的大小只和含油水的比例有关，所以可通过电阻值的变化测试出岩心模型中油水比例的变化，即岩心模型中的含油饱和度。

电阻法测含油饱和度实验流程如图 2-45 所示。

实验仪器：电阻测量装置、压力采集系统、精密电子天平、电热鼓风循环干燥箱、制造岩心装置和 ISCO 泵等。

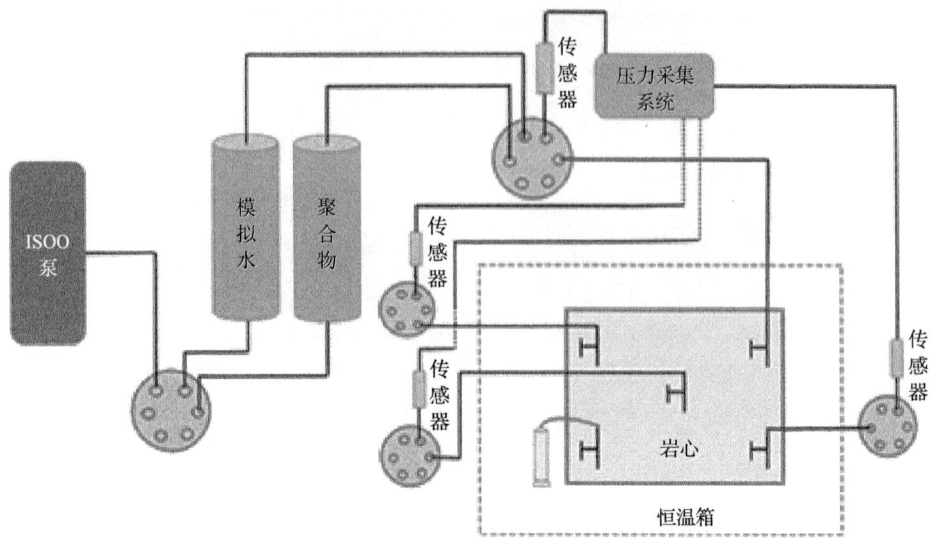

图 2-45　电阻法测含油饱和度实验流程图

实验模型：非均质平板模型，实验中聚合物和水溶液从中间注入，一注四采(图 2-46)。三维物理岩心大小为 300mm×45mm×45mm，岩心为反韵律分布，渗透率自上而下分别为 $2000\times10^{-3}\mu m^2$、$800\times10^{-3}\mu m^2$、$400\times10^{-3}\mu m^2$(图 2-47)。

实验条件：聚合物为高黏弹超高分聚合物；注入和配制水为 19334mg/L 模拟水；聚合物浓度为 2000mg/L；注入聚合物体积为 0.5PV；饱和油黏度为 440mPa·s。

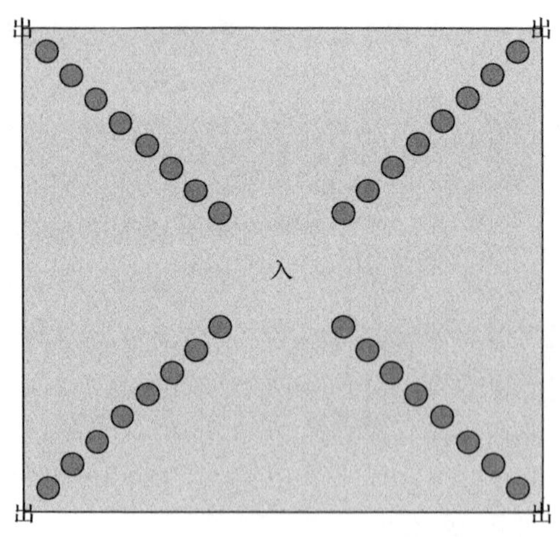

图 2-46　非均质胶结岩心示意图

图 2-47　非均质胶结岩心实物图

不同渗透层驱替过程中含油饱和度分布如图 2-48 所示。

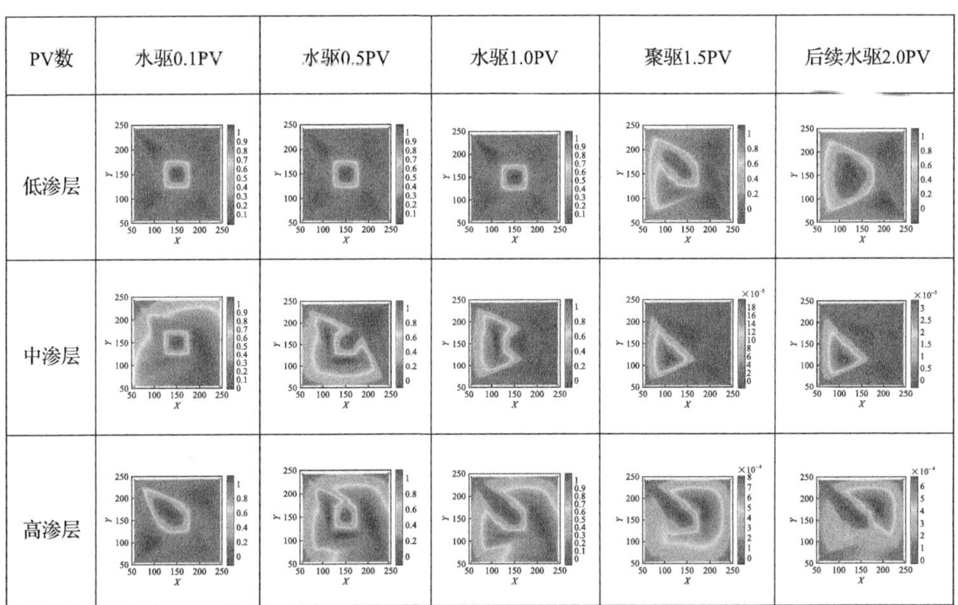

图 2-48　不同地层条件下驱替过程中含油饱和度分布图

由三维物理模型中饱和度测试结果(表 2-11)可知：

(1)通过纵向对比低渗层、中渗层和高渗层可以发现，中高渗层波及较好，含水饱和度不断增加，含油饱和度下降明显，采出程度高；低渗层很多区域含油饱和度变化不明显，波及效率低，采出程度差。

表 2-11　聚合物在三维物理模型中各注入阶段提高采收率幅度表

注入阶段	水驱(1.02PV)	聚合物驱(0.50PV)	后续水驱(0.8PV)	总采收率(2.32PV)
采出程度/%	15.17	16.42	5.71	37.30

(2)从横向上看，低中高三层均存在一定水窜现象，尤其沿着主流线方向水窜比较严重。

(3)通过后水时刻三维物理模型测试图可以看出，含油饱和度较高的区域往往在副流线周围。主流线区域波及较好，含水饱和度较高。

(4)通过聚驱前时刻与聚驱后时刻对比可知，在聚合物驱期间，含油饱和度明显下降，驱油效果显著。从驱油特征曲线分析，注聚后，含水出现大幅下降，最终注入高黏弹超高分聚合物提高采收率 16.4%，后续水驱提高采收率 5.7%(图 2-49)，说明新型高黏弹超高分聚合物具有很好的驱油效果，能够适用于胜利油田高黏油藏。

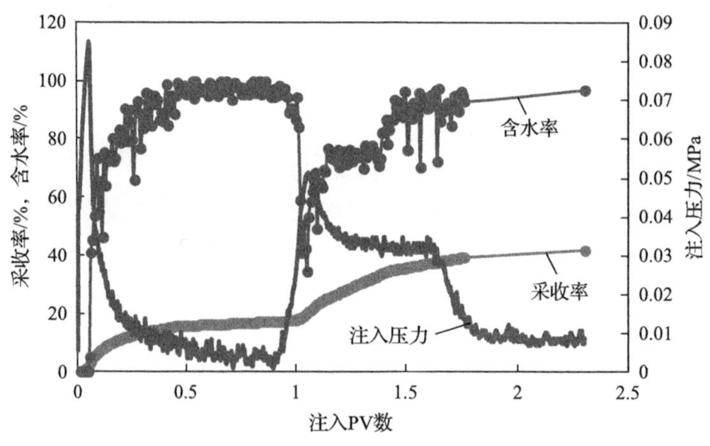

图 2-49　高黏弹超高分聚合物驱油特征曲线

(四)高黏弹超高分聚合物在多孔介质中微观驱油机理研究

图 2-50 为微观蚀刻玻璃模型示意图。利用微观渗流可视系统，能将岩心中 10～100μm 的孔隙结构和喉道尺寸刻蚀在模型上，真实反映微观孔隙中流体的流动现象，以及流体与岩石的相互作用，为驱油开发提供理论依据，同时揭示提高原油采收率的微观机理，为化学驱油剂的研发提供指导。

实验方法：玻璃蚀刻岩心饱和水，然后对岩心进行饱和原油，首先进行水驱，然后注入聚合物，考查水驱和聚驱之后剩余油分布和剩余油类型，分析聚合物的驱油机理。

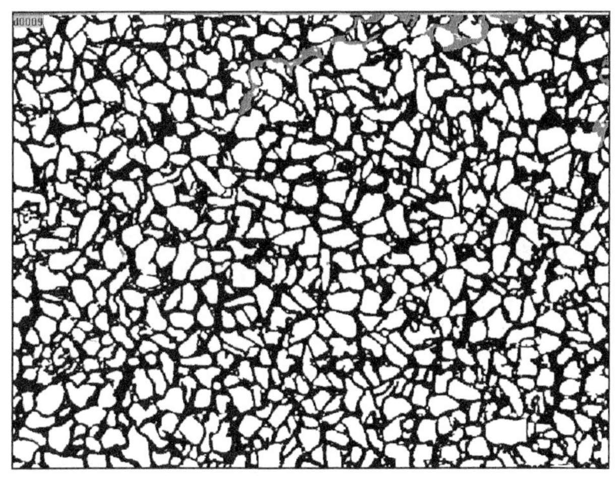

图 2-50　微观蚀刻玻璃模型示意图

实验条件：实验用水为模拟盐水，矿化度为 19334mg/L；聚合物为常规聚合物和高黏弹超高分聚合物；聚合物浓度为 2000mg/L，模拟盐水配母液；实验用原油黏度为 350mPa·s。

由图 2-51 和图 2-52 的实验结果可知，高黏弹超高分聚合物依靠黏性和弹性作用扩大波及动用连续状原油，同时利用弹性作用提高驱油效率动用簇状和黏附状原油的能力相对于常规聚合物都有增加，但仍以弹性和黏性共同作用扩大波及能力为主，以弹性作用提高驱油效率的能力为辅。

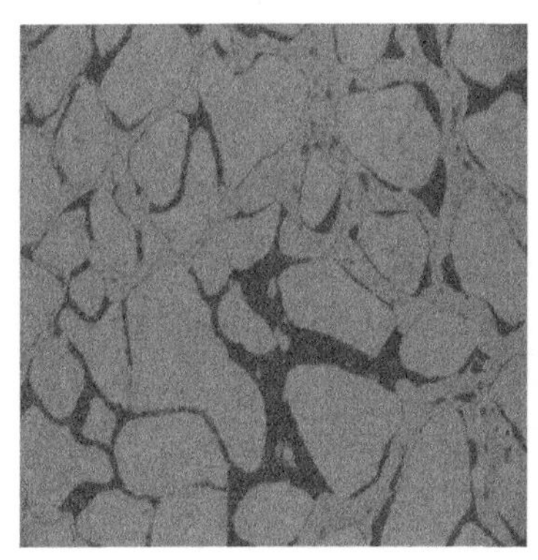

(a) 水驱

(b) 水驱后常规聚合物驱

图 2-51　水驱后注入常规聚合物剩余油分布

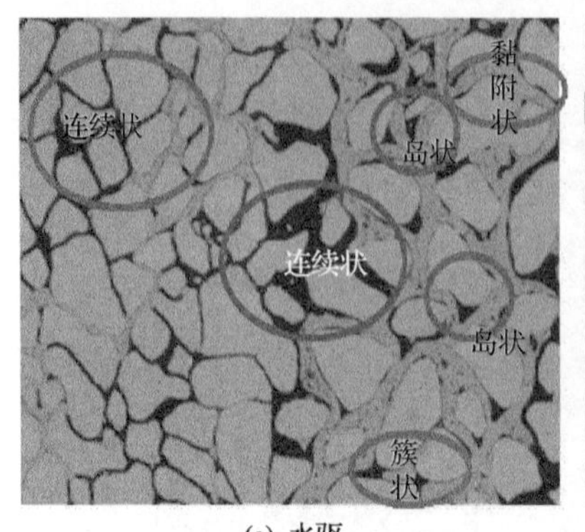

(a) 水驱

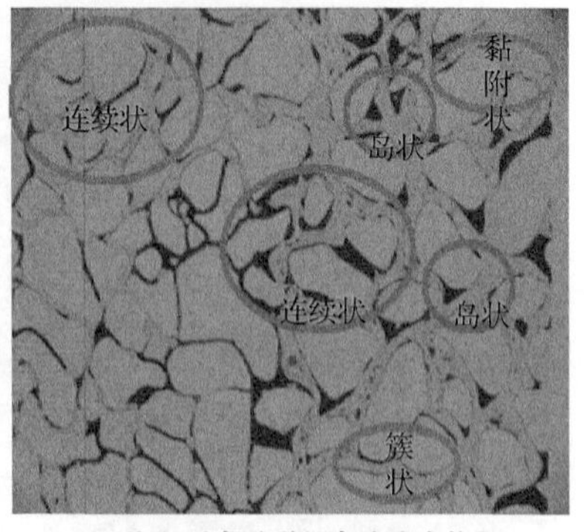

(b) 水驱后高黏弹超高分聚合物驱

图 2-52　水驱后注入高黏弹超高分聚合物剩余油分布

第二节　表面活性剂设计与合成

一、胜利油田石油磺酸盐分子结构设计与合成

石油磺酸是用三氧化硫、发烟硫酸或硫酸磺化高沸点石油馏分而得的混合物，中和后得到的石油磺酸盐也就是这样的混合物。早期的石油磺酸是提炼、纯化白矿物油的副产品，和废酸一起被抛弃，后来因对石油磺酸盐的性质了解得更清楚，其应用变得广泛。

将磺酸盐应用到油田开发中，提高采收率的研究已进行了半个多世纪，理论是科学的，技术也是成熟的[23-26]。然而传统的磺酸盐制备工艺，是以芳烃、重芳烃、重烷基芳烃或富含芳烃的馏分油作为被磺化物采用气相 SO_3 或发烟硫酸磺化，用 NaOH 中和得到的所谓石油磺酸盐，这类表面活性剂均具有较好的降低油水界面张力的能力和驱油效果，但一般都需在碱、醇或非离子表面活性剂作为助表面活性剂的帮助下，才能达到人们要求 10^{-3}mN/m 的应用标准，甚至绝大多数在单剂条件下，达到 10^{-1}mN/m 或大于 1mN/m，给应用带来很大的技术困难和经济压力。胜利油田以相似相溶理论为基础，经过多年的研究探索，研制出催化氧化磺化的液相磺化制备技术，利用宽馏分油制备驱油用石油磺酸盐，成为国内外唯一制备石油磺酸盐的专利技术。研制的石油磺酸盐表面活性剂产品是具有烷基磺酸盐、烷基芳基磺酸盐、重烷基苯磺酸盐、环烷基磺酸盐、环烷基芳基磺酸盐、硫酸脂盐等复杂结构的混合物类阴离子表面活性剂，这也是胜利油田石油磺酸盐的一大特点，目前其他任何石油磺酸盐产品都不具备这一优点。使石油磺酸盐分子中的亲油基与原油中的绝大多数化学烃组分分子结构保持一致或相近，从而使磺酸盐分子极易与原油相溶，使磺酸盐分子很好地吸附在油水界面，发挥降低油水界面张力的作用。

磺酸盐类表面活性剂是目前应用最广泛的驱油表面活性剂，特别是石油磺酸盐，来源于原油，与原油适应性好，在疏水尾链含碳数相同的情况下，含芳环、支化程度高的表面活性剂结构与原油相似，既有利于界面活性发挥，又有利于界面有序、密集排布，界面效能更高，降低原油界面张力的能力强[27-29]。从胜利油田石油磺酸盐(SLPS)质谱扫描(图 2-53)可以看出，对于胜利油田Ⅰ类油藏应用的石油磺酸盐分子当量(质荷比)主要分布在 150～350。而对于高黏油藏，其胶质沥青质含量较高，平均分子量为 420，因此必须提高石油磺酸盐分子量才能更好地满足对高黏原油降低界面张力的要求。增加石油磺酸盐中大分子量成分，使其分子当量 380～480 的分布从Ⅰ类油藏的 10%增加到 40%，分子当量小于 300 的分布减少到 30%(图 2-54)，石油磺酸盐分子当量增加后活性增加，界面张力下降了一个数量级。

有效降低油水界面张力、控制化学剂的吸附损耗与色谱分离是高黏油藏化学驱的技术关键。磺酸盐表面活性剂的界面效率高，但其分子在油水界面并非均匀吸附。当达到饱和吸附时，界面层内仍存在大量空腔，界面饱和吸附量低。选择极性头尺寸适当的非离子型表面活性剂，其分子簇“楔入”界面层中离子型表面

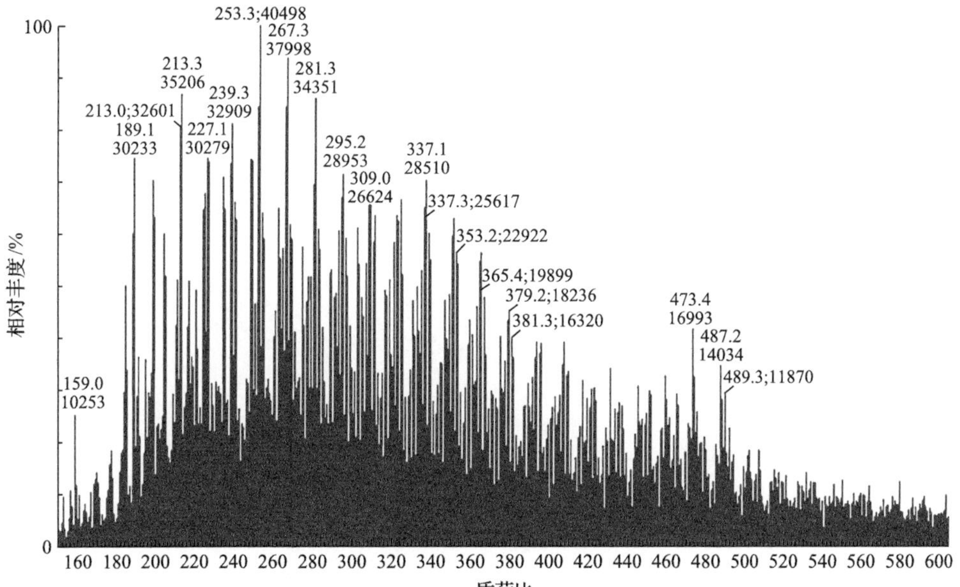

图 2-53　Ⅰ类油藏用石油磺酸盐质谱图

前后(或上下)数据分别表示分子量和丰度，下同

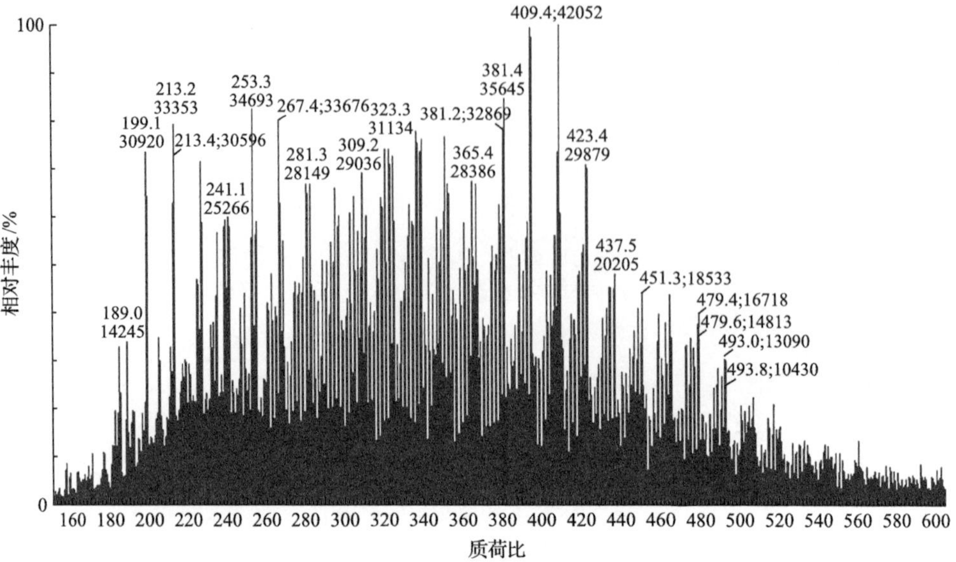

图 2-54　Ⅱ类油藏用石油磺酸盐质谱图

活性剂的空腔，界面上表面活性剂的吸附总量增大，可使界面张力进一步降低。加入碳链匹配的烷醇酰胺类非离子型表面活性剂 gd-1，使之形成的“分子簇”尺寸与石油磺酸盐形成的界面层空腔尺寸匹配，从图 2-55 与图 2-56 界面张力对比结果可以看出，Ⅰ类油藏使用石油磺酸盐、gd-1 表面活性剂与高黏原油界面张力只有 10^{-2}mN/m。而Ⅱ类油藏用石油磺酸盐、gd-1 表面活性剂与高黏原油界面张力可以达到 10^{-3}mN/m。

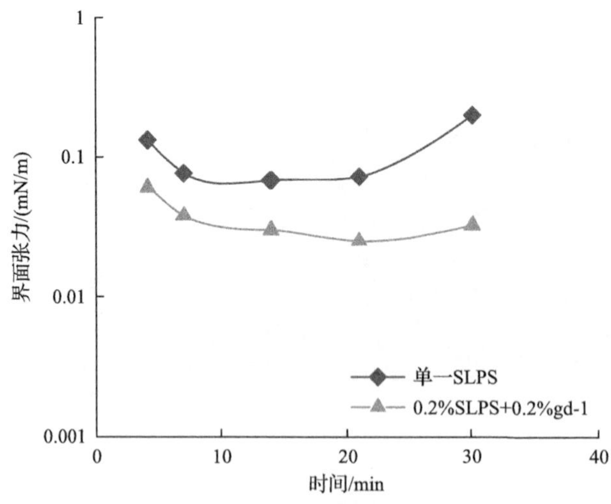

图 2-55　Ⅰ类油藏用石油磺酸盐配方界面张力曲线

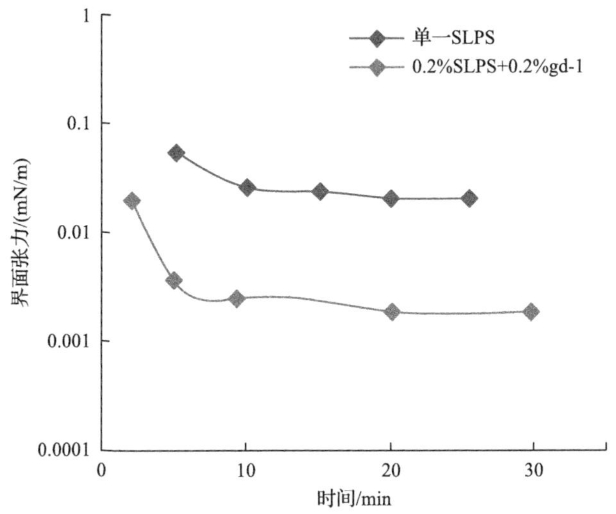

图 2-56　Ⅱ类油藏用石油磺酸盐配方界面张力曲线

二、低聚长链表面活性剂设计与合成

低聚表面活性剂又称 Gemini 表面活性剂，是通过一个连接基将两个传统表面活性剂分子在其亲水头基或接近亲水头基处连接在一起而形成的一类新型表面活性剂，具有如下一些性能：临界胶束浓度（critical micelle concentration，CMC）比普通表面活性剂低 2～3 个数量级；具有很高的降低界面张力的能力；胶束分子排列紧密，具有较高的电荷密度，能够耐高矿化度；独特的流变性和黏弹性——增黏作用；优良的润湿性[30-34]。由于其结构的特殊性，双子表面活性剂在三次采油中的应用前景引起了国内外学者很大的兴趣。虽然双子表面活性剂具有很多优点，但还没有真正用作驱油用表面活性剂。阴非两性表面活性剂也是三次采油领域研究的热点之一[34-36]，其分子结构中将两种不同性质的亲水基团设计在同一个表面活性剂分子中，使其兼具阴离子和非离子表面活性剂的优点，优势互补，性能优良，显示良好的应用前景。

（一）低聚表面活性剂分子结构设计

前述分子模拟结果表明，低聚表面活性剂可明显降低原油在岩石表面附着功。为认识低聚表面活性剂与原油构效关系，测定不同碳链表面活性剂、不同亲水基表面活性剂对胜利油田原油在岩石表面附着功的影响。

高效降附着功活性剂分子结构：碳链大于 16 的阴非两性磺酸盐型活性剂、孪连型表面活性剂（图 2-57，表 2-12）。

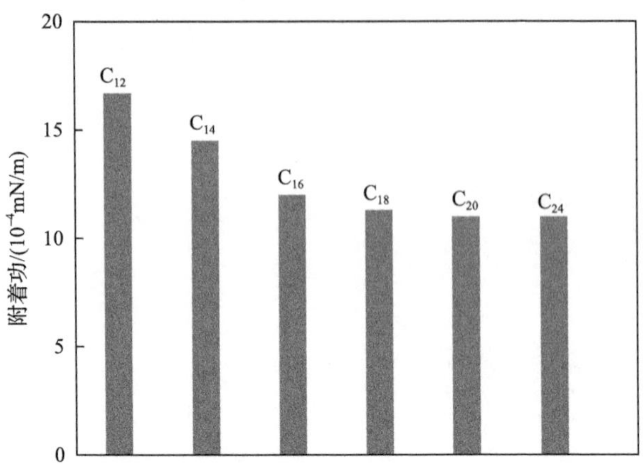

图 2-57　不同碳链表面活性剂固液界面附着功

表 2-12　不同亲水基表面活性剂固液界面附着功

编号	表面活性剂结构	附着功/(10^{-4}mJ/m^2)
1	C_{16}-羧酸盐	98.5
2	C_{16}-硫酸盐	85.6
3	C_{16}-氧乙基硫酸盐	35.9
4	C_{16}-磺酸盐	28.7
5	C_{16}-磺酸盐型甜菜碱	17.6
6	C_{16}-磺酸盐型阴非两性活性剂	13.2
7	C_{16}-孪连型活性剂	10.8

为实现表面活性剂在高黏弹介质中的快速扩散，分析不同体系黏度下不同类型表面降低油水界面张力情况。

高黏弹介质中快速扩散活性剂分子结构：碳链长为 C_{12}～C_{16} 的阴非两性活性剂、孪连型活性剂在高黏介质中与原油可达到超低界面张力(图 2-58，表 2-13)。

运用分子模拟手段，通过优化亲水基、亲油基类型，调节亲水亲油平衡，设计高效驱油表面活性剂分子结构：

$H_{2m+1}C_m$—CH—C_nH_{2n+1}—$(OCH_2CH_2)_y$—C_6H_4—SO_3Na
　　　　　|
　　　　${}_x(H_2C)$
　　　　　|
$H_{2m+1}C_m$—CH—C_nH_{2n+1}—$(OCH_2CH_2)_y$—C_6H_4—SO_3Na

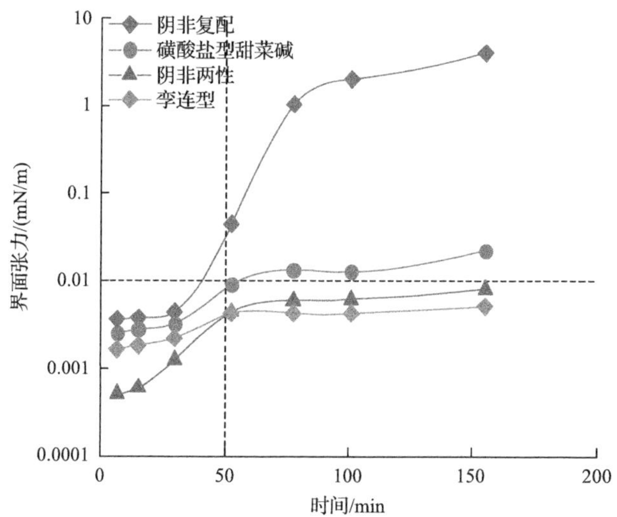

图 2-58 分子结构对表面活性剂界面张力的影响

表 2-13 不同类型表面活性剂降低原油界面张力能力

编号	表面活性剂结构	界面张力/(mN/m)
1	C_{12}-磺酸盐	8.4×10^{-1}
2	C_{14}-磺酸盐	3.6×10^{-1}
3	C_{16}-磺酸盐	5.2×10^{-2}
4	C_{18}-磺酸盐	3.3×10^{-2}
5	C_{12}-磺酸盐型阴非两性活性剂	3×10^{-2}
6	C_{16}-磺酸盐型阴非两性活性剂	3×10^{-2}
7	C_{12}-磺酸盐型孪连活性剂	3.4×10^{-2}
8	C_{16}-磺酸盐型孪连活性剂	1.8×10^{-3}

(二)低聚表面活性剂合成

合成原料：氯乙酸、盐酸、氢氧化钠、甲苯、甲基异丁基酮[均为化学纯，中国医药(集团)上海化学试剂公司]、烷基酚聚氧乙烯醚(工业品，江苏省海安石油化工厂)。

仪器设备：Huber-China 进口反应釜(北京赛美思仪器设备有限公司)、T 90 自动电位滴定仪(梅特勒公司)、美国 Nicolet 5700 红外光谱仪、美国 CNG 公司的 TX500C 界面张力仪、瑞士 K100 程序界面张力仪、Brookfield Ⅲ黏度计。

合成反应过程：

$$H_3C-\overset{O}{\overset{\|}{C}}-O-C_2H_5 + Br-(CH_2)_x-Br \xrightarrow{THF} EtO_2C-(CH_2)_x-CO_2Et$$

$$+\ H_{2m+1}C_m-Cl \xrightarrow{THF} (EtO_2C)(H_{2m+1}C_m)CH-(CH_2)_x-CH(CO_2Et)(C_mH_{2m+1})$$

$$+\ CH_3CH_2OH \xrightarrow[H_2O]{HCl} (HOH_2C)(H_{2m+1}C_m)CH-(CH_2)_x-CH(CH_2OH)(C_mH_{2m+1})$$

$$+\ \text{环氧乙烷} \xrightarrow[H_2O]{THF} H-(OH_2CH_2C)_y-O-CH_2-CH(C_mH_{2m+1})-(CH_2)_x-CH(C_mH_{2m+1})-CH_2-O-(CH_2CH_2O)_y-H$$

$$+\ Br-C_6H_4-SO_3Na \longrightarrow H_{2m+1}C_m-CH[(OCH_2CH_2)_y-C_6H_4-SO_3Na]-{}_x(H_2C)-CH[(OCH_2CH_2)_y-C_6H_4-SO_3Na]-C_mH_{2m+1}$$

产品a：$R=C_8H_{17}(C_6H_4)$，$n=2$，$x=3$；产品b：$R=C_8H_{17}(C_6H_4)$，$n=2$，$x=6$；
产品c：$R=C_8H_{17}(C_6H_4)$，$n=2$，$x=9$。THF为四氢呋喃；Et为C_2H_5；m和y为任意数

环化反应制备二乙二醇二缩水甘油醚：将二缩三乙二醇与三氟化硼乙醚络合物加入带有搅拌滴液漏斗的三口烧瓶中，搅拌均匀。置于数显恒温水浴锅中加热，上升到一定温度时，开始缓慢滴加环氧氯丙烷。滴完后，再维持 2h，使缩合反应进行完全。然后，将反应产物减压蒸馏，除去未反应的环氧氯丙烷。在上述反应产物中加入氢氧化钠的乙醇溶液，搅拌，控制适当的反应时间，使反应进行完全。过滤掉生成的氯化钠，然后减压蒸馏，除去乙醇和水等。再趁热过滤一次，除净残留的氯化钠，即得产物。

开环反应制备二元醇化合物：将 0.205mol 脂肪醇、0.02mol 催化剂加入四口瓶中，加热至 60℃在 0.095MPa 真空脱水 10min，用 N_2 置换空气，升温，在 80～90℃滴加乙二醇环氧甘油醚 0.1mol，在 80℃反应 5～7h。将反应物冷却到 20℃，滴加氯磺酸 0.25mol，保温反应 2h，用 $w(NaOH)=5\%$溶液中和反应液至 pH=8。用硅胶柱分离，蒸出溶剂，得到白色固体产物。通过色-质联用仪分析并按外标法计算产率，外标液为(2mmol 脂肪醇，1mmol 二乙二醇二缩水甘油醚，0.5mmol 单开环产物，0.5mmol 双开环产物)的标准甲醇溶液。

羧化反应制备阴非双子表面活性剂：三口烧瓶中依次加入二元醇化合物、氢氧化钠和甲苯，于70℃慢慢滴加氯乙酸，使二元醇化合物与氢氧化钠及氯乙酸摩尔比为1∶4∶4，甲苯用量为二元醇化合物质量的4倍，滴加完毕升温至95℃反应5h。降至室温，用盐酸含量10%的稀酸中和至强酸性，分去水层，饱和氯化钠洗涤有机层两次，蒸去溶剂甲苯，剩余物用含量为20%的氢氧化钠溶液调至弱碱性，得到阴非双子表面活性剂产品。

1. 原料摩尔比的影响

以甲苯为溶剂，于95℃反应5h的条件不变，改变原料二元醇化合物与氢氧化钠及氯乙酸的摩尔比，考查原料摩尔比对阴非双子表面活性剂产品收率的影响，结果见表2-14。由表2-14可见，随着氢氧化钠及羧化剂氯乙酸用量的增加，产品6的有效含量逐步增加，当二元醇化合物、氢氧化钠及氯乙酸的摩尔比为1∶4∶4时，产品收率最高，进一步提高原料摩尔比对提高产品收率的影响不明显。因此，该反应的原料摩尔比以1∶4∶4为宜。

表2-14 二元醇化合物与氢氧化钠及氯乙酸摩尔比对产品有效含量的影响

n(二元醇化合物)∶n(氢氧化钠)∶n(氯乙酸)	产品收率/%		
	产品a	产品b	产品c
1∶3∶3	78.8	79.4	76.9
1∶4∶3	82.3	83.2	79.8
1∶4∶4	84.6	85.7	82.1
1∶5∶4	84.2	85.7	82.0
1∶5∶5	84.5	85.5	82.0

2. 反应时间的影响

在二元醇化合物与氢氧化钠及氯乙酸摩尔比1∶4∶4，溶剂为甲苯，反应温度95℃不变条件下，改变反应时间，考查反应时间对阴非双子表面活性剂产品收率的影响，结果见图2-59。

由图2-59可见，随着反应时间延长，产品6的收率逐步升高，当反应时间为5h阴非双子表面活性剂产品6收率最高，所以反应时间以5h为宜。

3. 反应温度的影响

在二元醇化合物与氢氧化钠和氯乙酸摩尔比1∶4∶4，溶剂为甲苯，反应时间5h不变条件下，改变反应温度，考查反应温度对阴非双子表面活性剂产品收率的影响，结果见图2-60。

由图2-60可见，随着反应温度的升高，阴非双子表面活性剂产品收率随之增加，当反应温度达95℃时，阴非双子表面活性剂产品收率最高，继续升温对收率提高不明显，因此反应温度以 95℃最佳。

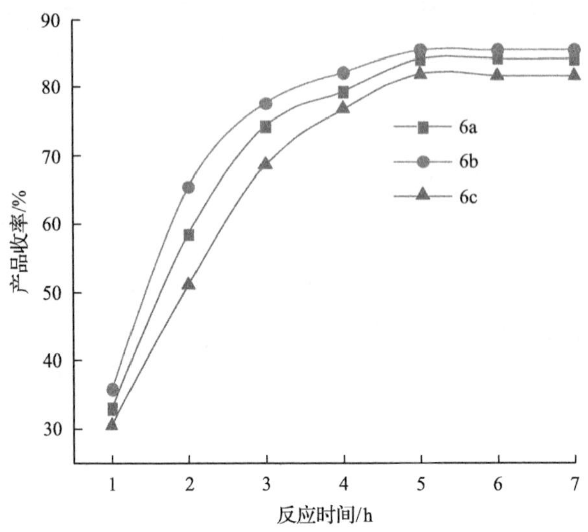

图 2-59　反应时间对产品收率的影响

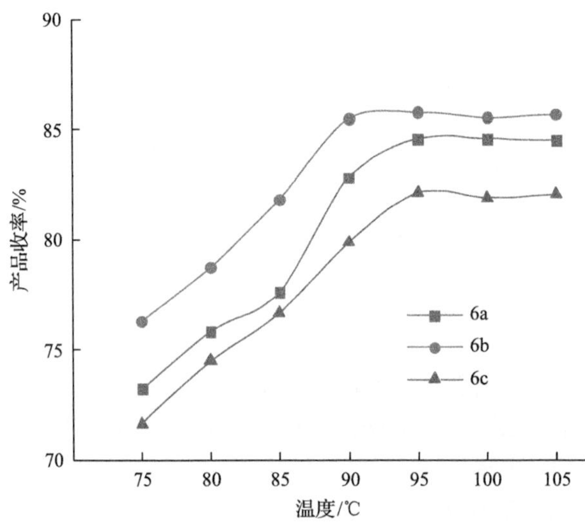

图 2-60　反应温度对产品收率的影响

（三）低聚表面活性剂性能评价

1. CMC 比较

将不同聚氧乙烯加成数及碳链数的产品 6 及传统单链表面活性剂的 CMC 列入表 2-15。从表 2-15 可以看出，阴非双子表面活性剂具有较低的 CMC，比传统单链表面活性剂低 2～3 个数量级，且随着乙氧基聚合度的增加，CMC 略有

表 2-15　低聚表面活性剂与传统单链表面活性剂 CMC 比较

表面活性剂品种		CMC/(mmol/L)
低聚表面活性剂	6a	2.91×10^{-2}
	6b	2.28×10^{-2}
	6c	2.83×10^{-2}
阴离子表面活性剂	$C_{12}H_{25}SO_4Na$	8.0
	$C_{12}H_{25}COOK$	12.5

增大，这可能是因为双子表面活性剂分子中的离子头基通过共价键作用，削弱了头基之间的静电斥力，使碳链间距和单元分子头基间距缩短，从而使烷烃链相互排列更为紧密，疏水作用增强，胶团的稳定性增大，胶团化倾向增强，所以其 CMC 值比相应的传统表面活性剂低。

2. 油水界面性能

表面活性剂与原油间能否形成超低界面张力（10^{-3}mN/m）是评价驱油用表面活性剂的重要指标，因此通常利用对油水界面张力的评价作为筛选驱油表面活性剂的首要条件。采用总矿化度 160000mg/L、钙和镁离子浓度 6550mg/L 的中原油田模拟水，配制不同浓度的阴非双子表面活性剂产品溶液，在温度为 90℃下测定其对该区块原油的界面张力，结果见图 2-61。

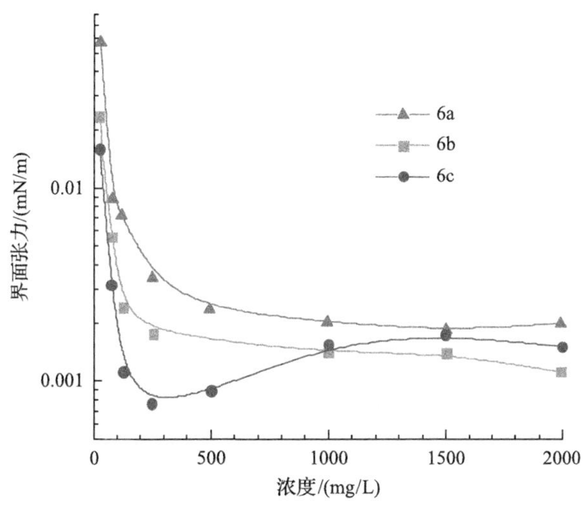

图 2-61　表面活性剂浓度对油水界面张力的影响

由图 2-61 可见，随着表面活性剂浓度的增加，油水界面张力迅速下降，当表面活性剂浓度达到 CMC 时，油水界面张力即可达 10^{-3}mN/m 的超低值，并且随着表面活性剂浓度的增加，油水界面张力继续维持在 $10^{-3}\sim10^{-2}$mN/m，说明该表面活性剂的油水界面性能优良。

3. 耐盐和耐二价离子性能

在低聚表面活性剂含量为 0.1%，温度为 90℃，中原油田模拟水溶液中钙、镁离子浓度 6550mg/L 不变条件下，只改变模拟水溶液总矿化度，考查模拟水溶液中总矿化度对油水界面张力的影响，结果见图 2-62。

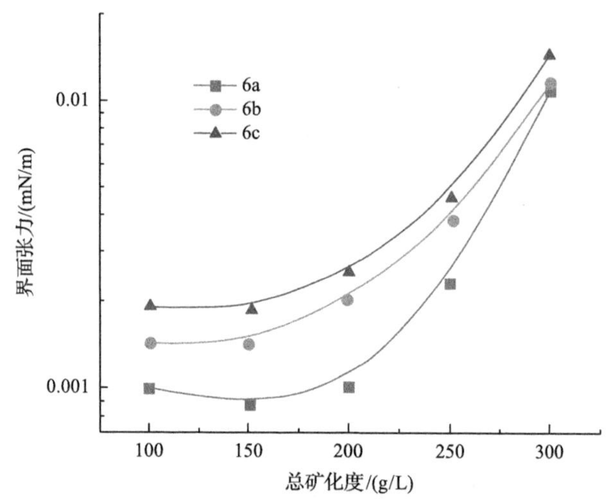

图 2-62　模拟水总矿化度对油水界面张力的影响

由图 2-62 可见，随着中原油田模拟水矿化度的增加，油水界面张力略有升高，但都维持在 10^{-3}mN/m 的超低值，当总矿化度达到 300g/L 时，油水界面张力上升至 10^{-2}mN/m。因此其耐盐能力可达 250g/L，抗钙镁能力可达 6.55g/L，说明该低聚表面活性剂耐盐，特别是耐二价钙、镁离子性能优良。

4. 静态吸附性能

配制阴非双子表面活性剂含量 0.3%溶液，以液固比为 3∶1 的比例与 80～120 目石英砂相混合，置于 90℃恒温水浴振荡器中，振荡一定时间，离心取清液，以紫外可见分光光度法测定阴非双子表面活性剂吸附前后的浓度，计算每克石英砂的吸附量，计算公式为

$$\Gamma = G(C_0 - C_e)/m \tag{2-11}$$

式中，Γ 为静态吸附量，mg/g；G 为表面活性剂溶液的总质量，g；C_0 为表面活性剂溶液的初始含量；C_e 为表面活性剂溶液的平衡含量；m 为吸附剂的质量，g。

对低聚表面活性剂进行静态吸附试验，考查吸附时间对表面活性剂产品吸附量的影响，结果见图 2-63。由图 2-63 可见，随着吸附时间的延长，吸附量逐渐增

加，24h 时的吸附量小于 2mg/g，24h 之后，基本达到吸附平衡。

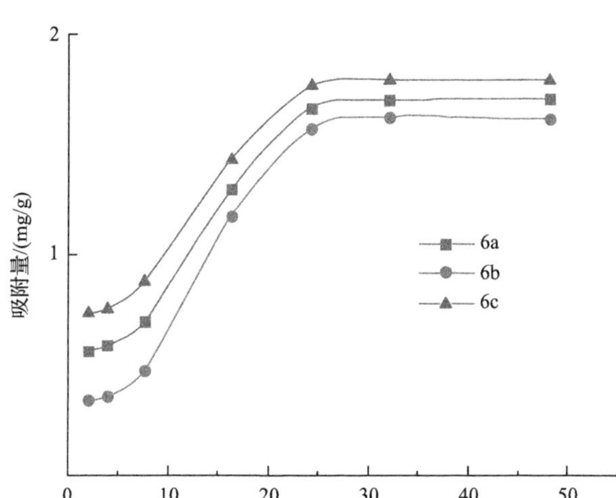

图 2-63 吸附时间对表面活性剂静态吸附量的影响

5. 热稳定性

将低聚表面活性剂含量 0.1%的模拟水(总矿化度为 19334mg/L，钙、镁离子为 600mg/L)溶液置于压力容器中，放入温度为 90℃的烘箱中进行热稳定性试验，定期测定其界面张力，观察其热稳定性。由表 2-16 可见，经高温 90 天老化后，油水界面张力仍可达到 10^{-3}mN/m，说明其耐高温性能优良。

表 2-16 低聚表面活性剂产品热稳定性

老化时间/天	界面张力/(10^{-3}mN/m)		
	产品 a	产品 b	产品 c
0	1.4	1.5	2.0
7	4.5	3.2	1.2
15	0.89	5.3	2.1
30	2.3	3.4	4.7
40	1.5	0.78	3.6
60	0.59	1.8	0.65
90	1.2	2.5	2.3

6. 降附着功

将低聚表面活性剂与常规表面活性剂的降低附着功能力进行对比，结果如图 2-64 所示。

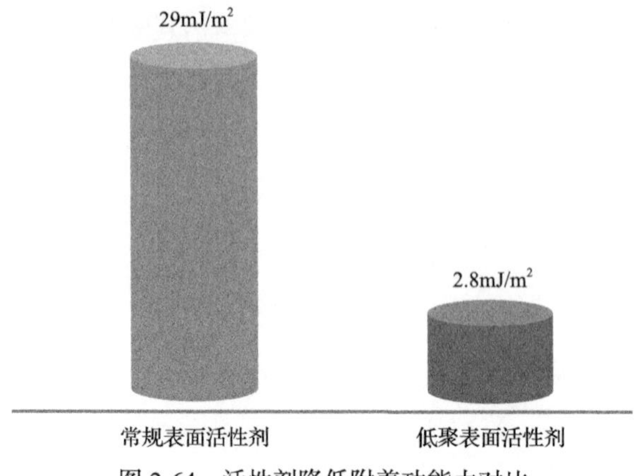

图 2-64 活性剂降低附着功能力对比

由图 2-64 可知，与常规驱油活性剂相比降附着功能力下降一个数量级，界面张力降低 1～2 个数量级。

第三节 高黏油藏高效驱油体系研发

针对目标区块原油黏度较高的问题，基于研发的高黏弹聚合物、磺酸盐型表面活性剂、阴非两性孪连型表面活性剂，在驱油剂相互作用、驱油剂与油藏适应性研究的基础上，构筑了适合于高黏油藏的高效驱油体系。一方面引进新型高黏弹聚合物，利用高黏性改善流度比、高弹性抑制“指进”；另一方面使用新型表面活性剂实现降附着功，提高原油启动能力，使用与高黏原油结构相似的磺酸盐型表面活性剂降低油水界面张力，提高洗油效率。

单一石油磺酸盐难以使油水界面张力达到超低。因为石油磺酸盐作为阴离子表面活性剂，其极性头间存在较强的电性排斥作用，而且其来源于原油，因此疏水链的结构多样，使界面膜排列不紧密，界面活性不高。通过选择分子结构适宜的复配表面活性剂，其发挥复配协同作用，少量添加即可大大提高石油磺酸盐的

表 2-17 石油磺酸盐单一、复配体系界面张力

序号	表面活性剂体系及浓度	界面张力/(mN/m)	原油黏度/(mPa·s)
1	0.4%SLPS	2.6×10^{-2}	280
2	0.2%SLPS+0.2%S1#	2.3×10^{-3}	280
3	0.2%SLPS+0.2% S2#	1.2×10^{-3}	602
4	0.2% SLPS+0.2%S3#	2.3×10^{-3}	1167
5	0.4%S4#	6.3×10^{-3}	1560

界面活性。采取将石油磺酸盐与非离子表面活性剂复配的方式来提高表面活性剂体系的界面活性。

一、表面活性剂体系优化

（一）表面活性剂浓度优化

表面活性剂注入地下以后，地层水的稀释使其浓度变稀，特别是驱替前沿，因此需要所选用表面活性剂有较宽的浓度窗口。分析 SLPS/S1#、SLPS/S2#、SLPS/S3#、SLPS/S4#四种体系浓度为 0.05%、0.1%、0.2%、0.3%、0.4%和 0.6%时对不同黏度原油降低界面张力情况，结果见图 2-65。

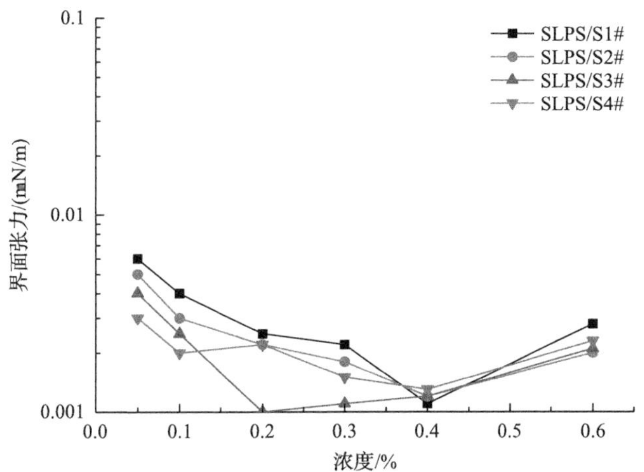

图 2-65　表面活性剂体系超低界面张力浓度窗口

浓度在 0.1%～0.6%范围内均具有较好的降低油水界面张力能力，超低界面张力浓度窗口宽。

（二）抗钙镁能力

注入水经过无数次的注入和采出分离，势必造成注入污水矿化度升高和钙、镁离子含量的升高，要求表面活性剂对钙、镁离子浓度有一定的适应能力。考查了 SLPS/S1#、SLPS/S2#、SLPS/S3#、SLPS/S4#四种体系的抗钙镁能力，以对应区块注入水为基础，配制浓度为 0.4%的表面活性剂溶液，外加 200mg/L 的 Ca^{2+}，观察溶液变化情况，并测定其降低界面张力情况，结果见表 2-18。

四种体系在外加 200mg/L 的 Ca^{2+}情况下，油水界面张力仍能达到超低，抗钙镁能力良好。

表 2-18 表面活性剂抗钙镁能力结果

序号	体系	注入水界面张力/(mN/m)	注入水外加 200mg/L 的 Ca^{2+} 界面张力/(mN/m)
1	SLPS/S1#	1.1×10^{-3}	1.1×10^{-3}
2	SLPS/S2#	1.2×10^{-3}	4.9×10^{-3}
3	SLPS/S3#	1.2×10^{-3}	1.0×10^{-3}
4	SLPS/S4#	1.3×10^{-3}	1.1×10^{-1}

(三)吸附损耗

表面活性剂注入地层以后，不可避免与地层接触，经过地层吸附以后，界面张力上升，因此需要选择抗吸附能力较强的表面活性剂。为了考查表面活性剂经岩石吸附后的界面张力变化，开展了吸附损耗实验。

试验条件：吸附剂为地层油砂；温度为试验区油藏温度；固液比为 1∶3；振荡时间为 24h。

将表面活性剂溶液以 3∶1 的比例与洗净烘干的油砂混合，在水浴中振荡 24h。取出油砂后离心处理，测定表面活性剂吸附前后针对对应原油界面张力变化情况，测定结果见表 2-19。

表 2-19 吸附损耗实验数据

序号	体系	吸附前界面张力/(mN/m)	吸附后界面张力/(mN/m)
1	SLPS/S1#	1.1×10^{-3}	3.1×10^{-3}
2	SLPS/S2#	1.2×10^{-3}	4.7×10^{-3}
3	SLPS/S3#	1.2×10^{-3}	4.2×10^{-3}
4	SLPS/S4#	1.3×10^{-3}	1.0×10^{-3}

由表 2-19 可知，SLPS/S1#、SLPS/S2#和 SLPS/S3#三种体系吸附后界面张力增加，仍能达到超低。

(四)洗油性能

将模拟地层砂与目标区块原油按 4∶1(质量比)混合，放入烘箱中在油藏温度下恒温老化 7 天，每天搅拌 1 次，使油砂混合均匀。称取老化好的油砂 5.000g 放至 100mL 锥形瓶中称重得 m_1。向样品中加入配制好的表面活性剂溶液 50.0g(Ⅰ类驱油用表面活性剂与 SLPS 复配体系液浓度为 0.4%；Ⅱ类驱油用表面活性剂溶液浓度为 0.3%)，充分混合后在油藏温度下静置 48h。将静置后的样品溶液中漂浮的原油及瓶壁上黏附的原油用干净的棉纱蘸出，并倒出表面活性剂溶液，接着将锥形瓶放在 100℃烘箱中烘至恒重，得 m_2。用沸程 90～120℃的石油醚对 SLPS/S1#、SLPS/S2#、SLPS/S3#和 SLPS/S4#中样品进行原油洗脱，直至石油醚无色。将洗脱尽原油的锥形瓶置于 120℃烘箱中烘至恒重，称重得 m_3。

按式(2-12)计算原油洗脱率：

$$R = \frac{m_1 - m_2}{m_1 - m_3} \times 100 \tag{2-12}$$

式中，R 为原油洗脱率，%；m_1 为洗油前锥形瓶与地层砂总质量，g；m_2 为洗油后锥形瓶与地层砂质量，g；m_3 为锥形瓶与洗净后地层砂质量，g。

由图 2-66 和表 2-20 可知，石油磺酸盐与阴非两性孪连型表面活性剂复配后对高黏原油洗油率均在 50%以上，具有良好的洗油能力。

图 2-66　新型表面活性剂对高黏原油洗油情况

表 2-20　复配表面活性剂体系洗油测试结果

序号	体系	洗油率(标准≥40.0%)/%
1	SLPS/S1#	61
2	SLPS/S2#	58
3	SLPS/S3#	63
4	SLPS/S4#	52

二、表面活性剂与聚合物相互作用

表面活性剂能大大地降低地层中原油和水的界面张力，提高洗油效率。聚合物能起到扩大波及体积及控制后继化学剂流度的作用，两者对提高采收率具有很好的协同效应。开展聚合物与表面活性剂相互作用尤为重要。

选择新型高黏弹聚合物与四种表面活性剂体系开展配伍性评价(表 2-21)。

表 2-21　表面活性剂与聚合物相互作用情况

体系	黏度/(mPa·s)	加入聚合物后界面张力/(mN/m)
单一聚合物	50.8	—
SLPS/S1#+聚合物	50.2	2.1×10^{-3}
SLPS/S2#	51.3	1.8×10^{-3}
SLPS/S3#	49.7	2.6×10^{-3}
SLPS/S4#	51.8	3.1×10^{-3}

评价结果表明，表面活性剂与聚合物复配后，界面张力略有升高，仍能达到超低。表面活性剂对聚合物黏度影响甚微，表明表面活性剂与聚合物具有良好的配伍性。

三、提高采收率物理模拟实验研究

物理模拟试验是室内评价复合驱的一个重要环节[37]。它通过在实验室模拟地层条件(包括地层实际温度、压力、渗透率、含油饱和度等)对筛选配方进行注入浓度、注入段塞、注入时机等实验，可以对配方进行进一步优化，制订合适的注入方案。

油水样品：用蒸馏水配制成地层水、注入水，目标区块原油。

岩心模型：用石英砂充填的管子模型；长为 30cm，直径为 2.5cm，渗透率为 $1500\times10^{-3}\mu m^2$。

驱油步骤：岩心抽空—饱和水—饱和油—水驱至含水率 94%～95%，转注不同配方及配方段塞水驱至含水 100%。

不同体系提高采收率数据如表 2-22 所示。

表 2-22　不同体系提高采收率对比

序号	原油黏度/(mPa·s)	配方	提高采收率/%
1	280	0.2%SLPS1+0.2%S1#+0.20%P1	25.8
2	602	0.2%SLPS2+0.2%S2#+0.22%P2	22.3
3	1167	0.2%SLPS3+0.2%S3#+0.22%P3	21.6
4	1560	0.4%S4#+0.25%P4	20.1

针对孤岛、孤东不同黏度原油设计了系列石油磺酸盐+阴非两性孪连型表面活性剂+聚合物的复合驱油体系。

第三章　高黏油藏化学复合驱配套技术

第一节　数值模拟技术

大量的室内实验表明，与稀油相比高黏原油流动性差，需克服启动压力；相同黏度的驱替液，注入压力比稀油高了2倍多(图3-1)，同样的结果在数值模拟研究中也得到了体现(图3-2)。

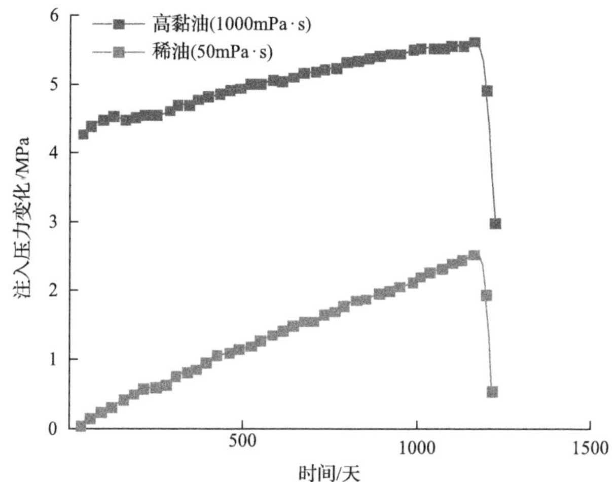

图3-1　稀油与高黏原油注入压力对比

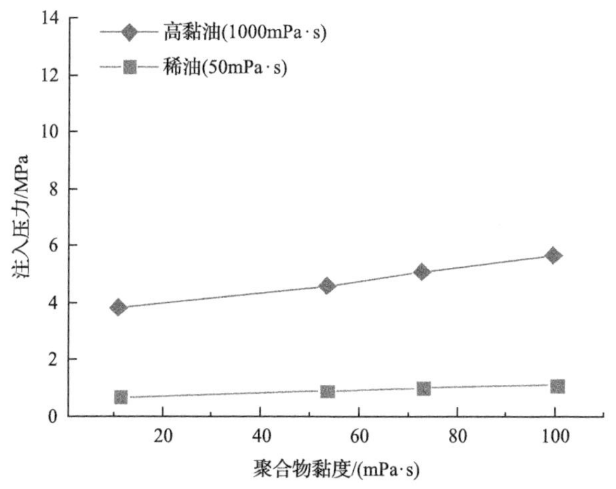

图3-2　稀油与高黏原油注入压力对比

现用的化学驱数值模拟软件对驱油体系只考虑了黏度影响，没有考虑弹性性能对驱油效果的影响[38]；而室内实验结果(图 3-3、图 3-4)显示：驱油体系既要有好的增黏性能，又要具备高的黏弹性能，才能适应高黏原油大幅度提高采收率的技术需要。

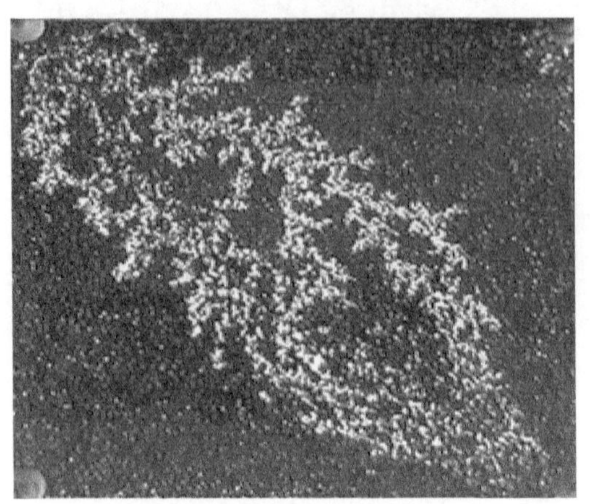

图 3-3　高黏性聚合物驱："指进"

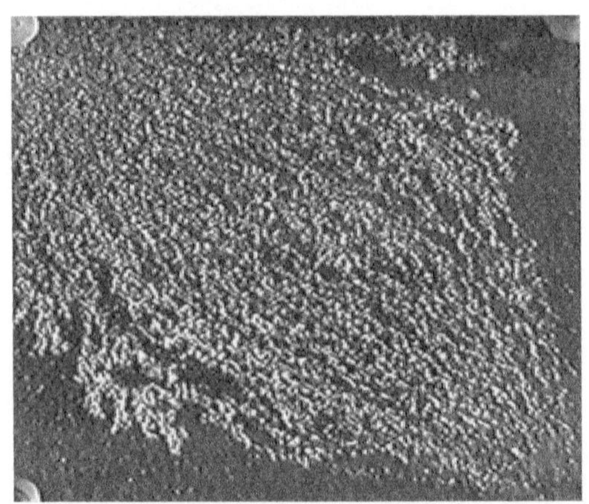

图 3-4　高黏弹聚合物驱：抑制"指进"

由于化学驱油藏经过了大量的水驱驱替，油藏大都呈现出不同程度的亲水润湿性。随着化学剂的注入，能够有效降低原油与岩石之间的附着功，从而导致油藏润湿性出现变化。

综上所述，现有数值模拟软件对高黏原油油藏化学驱存在一定的局限性，主要表现在：一是对非达西流体描述不尽合理；二是没有考虑聚合物弹性对驱油效果的影响；三是没有考虑活性剂降低附着功对驱油效果的影响。

一、高黏油藏化学驱模型

针对上述存在的问题，依据大量室内实验研究[39-44]，对化学驱模型中的质量守恒方程和物理化学模型进行了改进，建立完善了化学驱模型，使得其能够适应高黏原油油藏化学驱的模拟需要，修改后的质量守恒方程为

$$\sum_{J=1}^{N_c}\nabla\cdot\left[\rho_J x_{IJ}\frac{KK_{rJ}}{\mu_J}(\nabla P-\nabla P_{cJ}-\gamma_J\nabla Z)\right]+\phi\sum_{J=1}^{N_p}\nabla\cdot\left(D_{IJ}\rho_J x_{IJ}\right)+\sum_{J=1}^{N_p}q_J C_{qIJ}$$
$$+\phi\sum_{k=1}^{N_r}\left(S'_{Ik}-S_{Ik}\right)r_k+(1-\phi)\sum_{k=1}^{N_r}\left(S'_{Ik}-S_{Ik}\right)r'_k \tag{3-1}$$
$$=\frac{\partial}{\partial t}\left(\phi\sum_{J=1}^{N_p}\rho_J S_J x_{IJ}\right)+\frac{\partial}{\partial t}\left[(1-\phi)\rho C_{Ir}\right],\qquad I=1,2,\cdots,N_c$$

式中，N_c为总毛管数；ρ_J为第J相的密度；x_{IJ}为毛管数I中J相的x方向位移；K为体系渗透率；K_{rJ}为第J相的相对渗透率；μ_J为第J相黏度；∇P为压力；∇P_{cJ}为第J相的毛管力；γ_J为第J相的相对密度；∇Z为油藏垂向深度；ϕ为孔隙度；N_p为渗流相的总数；D_{IJ}为毛管数I中第J相的垂向深度；q_J为第J相的吸附量；C_{qIJ}为毛管数I中第J相的扩散项；N_r为残余相的总数；S_{Ik}为毛管数I中k相饱和度；S'_{Ik}为下一时刻毛管数I中的k相饱和度；r_k为k相弥散系数；r'_k为下一时刻的k相弥散系数；S_J为J相残余饱和度；ρ为体系密度；C_{Ir}为相浓度。

（一）驱油体系弹性理化模型

针对化学复合驱体系高黏弹性能和化学驱数值模拟软件没有考虑弹性的问题，建立了驱油体系弹性性能模型，描述驱油剂弹性对驱油效果的影响。其中，式(3-2)为描述驱替体系的弹性能量而增加的相。

$$\mu_e=(1-\phi)\sum_{k=1}^{N_r}\left(s'_{Ik}-s_{Ik}\right)r'_k \tag{3-2}$$

（二）驱油体系附着功模型

通过岩石润湿性的变化来描述驱油体系降低附着功功能，用润湿角的改变来计算驱油剂降附着功对驱油效果的影响。

式(3-1)中第一项P_{cJ}由原来含水饱和度函数修改为

$$P_c=P_{c0}(S_w)\frac{\cos\theta}{\cos\theta_0} \tag{3-3}$$

式中，P_c为修正后的毛细管力；P_{c0}为毛细管力；S_w为含水饱和度；θ_0为原毛细管压力测定的润湿角；θ为增加驱油体系后润湿性变化引起的润湿角变化。

（三）驱油体系非达西流模型

图3-5是室内实验得出的一条高黏原油油藏的非达西渗流曲线。图3-5中，A

为真实启动压力梯度点，室内实验很难测得；*C* 为实测的启动压力梯度点；*B* 为临界压力梯度点。

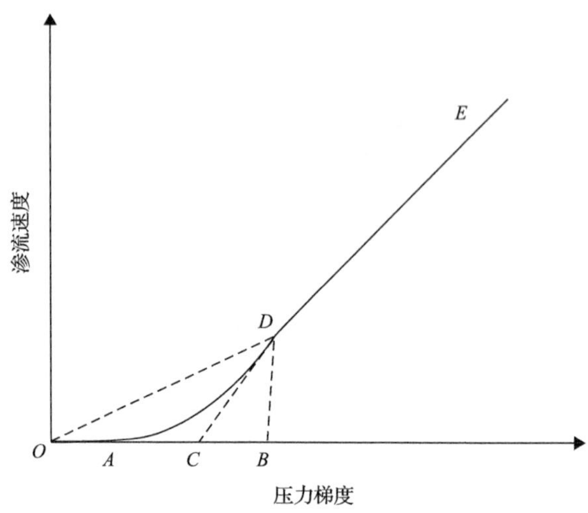

图 3-5　高黏原油油藏非达西渗流关系曲线

当驱替压力梯度大于真实启动压力梯度时，流体开始流动，此时流体流动的动力主要由流体和岩石的弹性膨胀能量提供，并逐渐过渡为驱替压力与启动压力的差值。因此，流体在多孔介质中流动进入 *AD* 段时，遵循非达西渗流规律。将上述分析结果应用到数值模拟数学模型中[式(3-4)]，就是在求解流动方程时，对油相渗流速度修改为：当驱替压力梯度小于或等于启动压力时，油相的渗流速度为零，只有驱替压力大于启动压力时，油相才会流动。

$$V_{\mathrm{o}}=\begin{cases}\dfrac{KK_{\mathrm{ro}}}{\mu_{\mathrm{B}}}(P_{\mathrm{o}}-g_{\mathrm{o}}D-G_{\mathrm{o}}), & P_{\mathrm{o}}>G_{\mathrm{o}}\\ 0, & P_{\mathrm{o}}\leqslant G_{\mathrm{o}}\end{cases} \tag{3-4}$$

式中，V_{o} 为渗流速度；K_{ro} 为相对渗透率；μ_{B} 为黏度；P_{o} 为驱替压力；G_{o} 为启动压力。

二、高黏油藏化学驱数值模拟

针对上述改进和完善，研制了新的高黏原油油藏化学驱数值模拟软件。该软件通过了室内岩心驱替实验模拟和实际矿场模型验证。

岩心驱替模型为石英砂充填的单管模型，长为 30cm，直径为 1.5cm，渗透率为 $1500\times10^{-3}\mu m^2$；使用的原油为孤岛东区 Ng_3—Ng_4 区块脱水原油，原油黏度为 573×10^{-3}mPa·s；实验温度为 73℃，矿化度为 8981mg/L，注入 0.3PV 二元复合体系。

通过实验结果和数值模拟结果对比(图 3-6)可以发现：含水与提高采收率拟合

程度很好，能够准确反映高黏油藏化学驱的见效期、高峰期、回返期与平稳期。

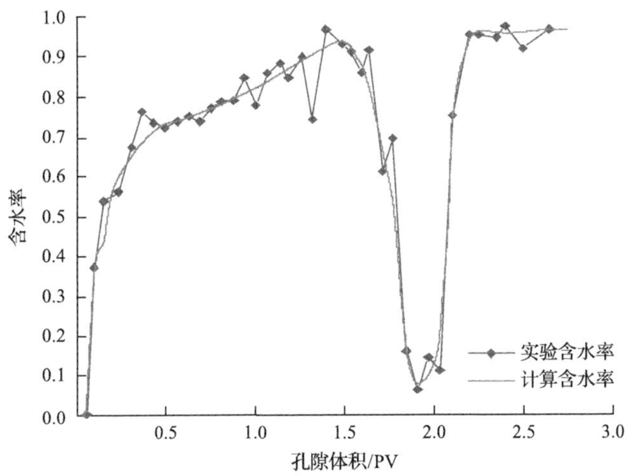

图 3-6　室内岩心驱替含水拟合曲线

实际矿场应用模型为孤岛东区北高黏油藏化学驱模型。模型网格为 79×90×13，水密度为 1.0g/cm^3，黏度为 0.46mPa·s，原油密度为 0.961.0g/cm^3，原油黏度为 573mPa·s，束缚水饱和度为 0.3，残余油饱和度为 0.25；注采方式为 79 注 129 采，注采速度为年注入 0.08PV。

通过模拟计算，在定液生产的条件下，实际含水曲线得到了较好的拟合(图 3-7)。

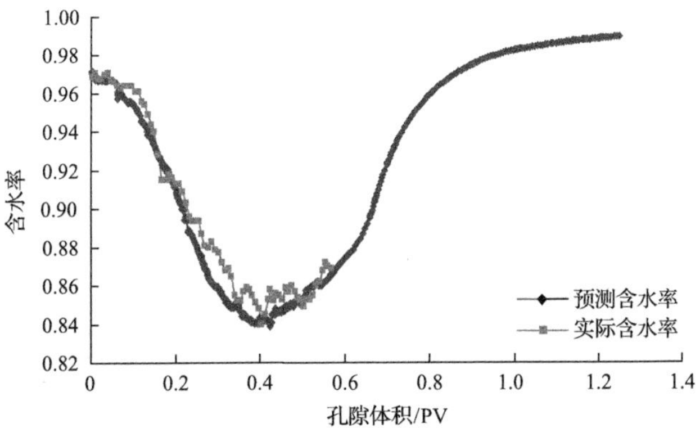

图 3-7　孤岛东区北跟踪拟合及预测曲线

通过岩心驱替模拟和实际矿场模型拟合，都得到了较好的拟合结果，因此，新的模型能够准确、合理地反映高黏原油油藏化学驱的真实情况。

三、井组注入量优化数学模型

从孤岛油田东区 Ng_3—Ng_4 的某层有效厚度等值图(图 3-8)、地面原油黏度等

值图(图 3-9)和剩余油分布等值图(图 3-10)可以看出：在化学驱中，不同井组储

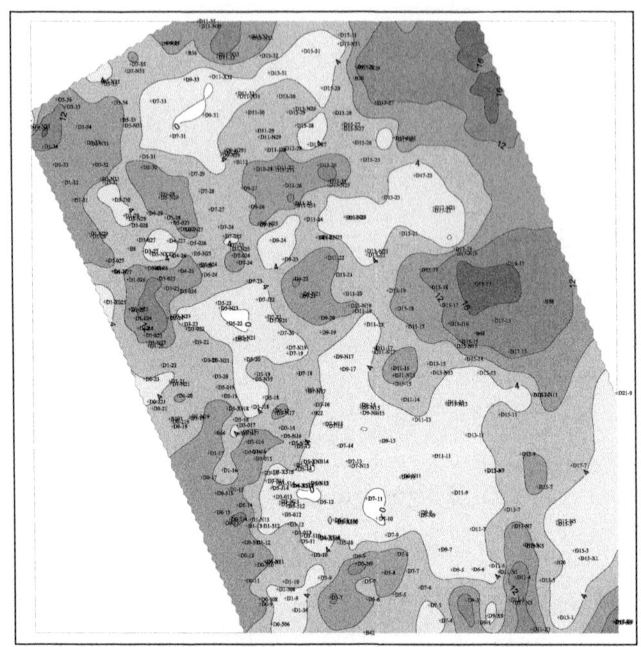

图 3-8　孤岛东区 Ng_3^5 层有效厚度等值线图(单位：m)

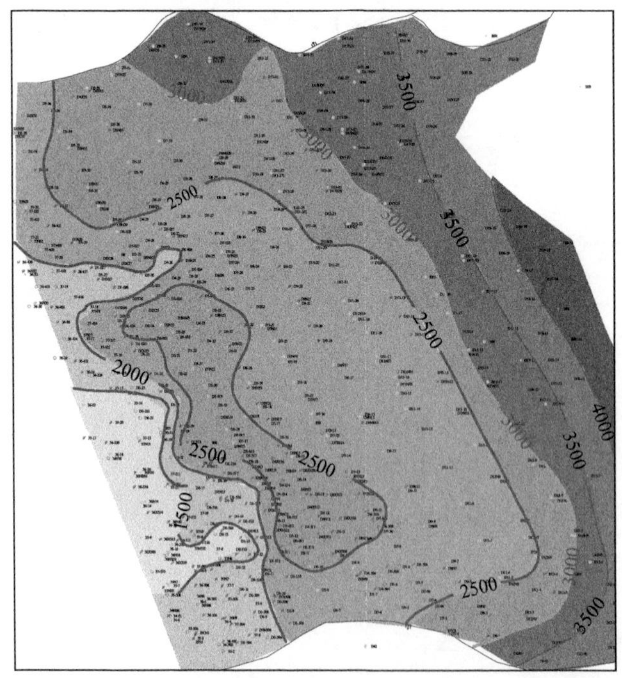

图 3-9　孤岛东区地面原油黏度等值线图(单位：mPa · s)

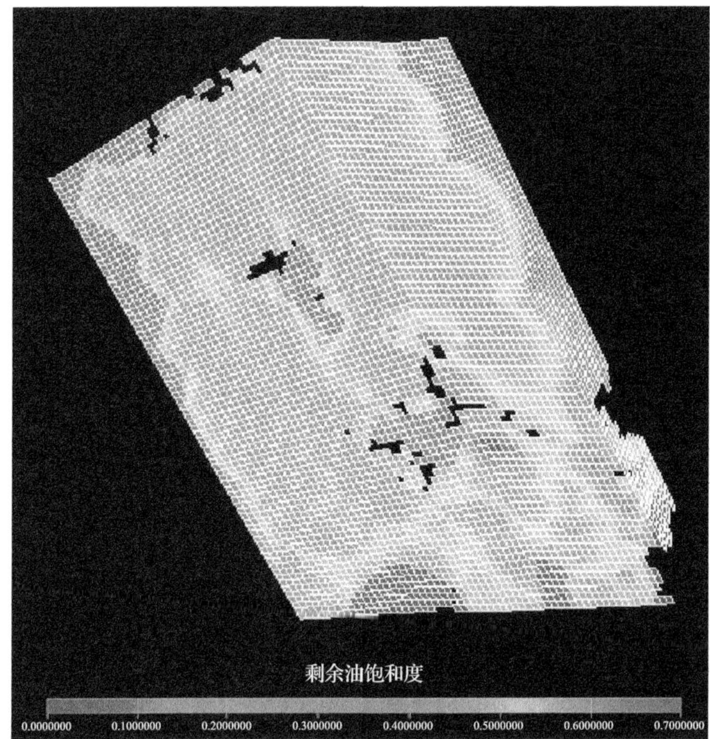

扫码见彩图

图 3-10　孤岛东区 Ng_3^5 层剩余油饱和度分布图

层发育、流体性质以及开发状况差异较大，经过长时间的开发，这一差异就更加明显。要想达到最大幅度提高采收率的目的，就要对整个油藏实现均衡驱替，为此需要进行井组个性化注入设计。

1. 井组注入量优化数学模型

为了实现这一目的，制订高黏原油油藏化学复合驱井组注入量原则，建立井组优化数学模型，指导单井注入量设计。

均衡驱替原则：

$$V_1 = V_2 = \cdots = V_i = V \tag{3-5}$$

式中，V_i 为区块中第 i 口注入井注入速度，PV/a；i=1, 2,⋯, n 为井组数；V 为区块平均注入速度，PV/a。V_i 的表达式为

$$V_i = \frac{365Q_i}{S_i H_i \phi} \tag{3-6}$$

式中，Q_i 为区块中第 i 口注入井初步注入量，m^3/d；S_i 为井组含油面积，km^2；H_i

为井组有效厚度，m；ϕ为孔隙度，小数。

由式(3-5)、式(3-6)可得初步注入速度模型：

$$Q_i = \frac{S_i H_i \phi V}{365} \tag{3-7}$$

根据资源最大化利用原则，即剩余油饱和度越高，注入量越大。

$$\propto_i = \frac{S_{oi}}{\overline{S_o}} \tag{3-8}$$

式中，$\propto_i$为第i井组饱和度系数，小数；S_{oi}为第i井组剩余油饱和度，小数；$\overline{S_o}$为区块平均剩余油饱和度，小数。

$$q_i = Q_i \propto_i \tag{3-9}$$

式中，q_i为区块中第i口注入井注入量，m^3/d。

式(3-7)、式(3-8)代入式(3-9)可得井组注入速度模型：

$$q_i = \frac{S_i H_i \phi V}{365} \propto_i \tag{3-10}$$

井组注入量必须小于井组最大注入能力，建立井组最大注入能力预测模型：

$$q_{i\max} = (P - P_{iq} - \Delta P_q)(1-a) J_{is} h_i \tag{3-11}$$

式中，$q_{i\max}$为第i井组最大注入能力，m^3/d；P为单元地层压力，MPa；P_{iq}为第i井组启动压力，MPa；ΔP_q为化学驱启动压力上升值，MPa；a为化学驱后米吸水指数下降幅度，小数；J_{is}为每米吸水指数，$m^3/(d \cdot MPa \cdot m)$；$h_i$为井组射孔厚度，m。

其边界条件为

$$q_i < q_{i\max} \tag{3-12}$$

当q_i大于或等于$q_{i\max}$时，需对注入井采取酸化、补孔、复射等增注措施，或适当降低注入井配注。

2. 井组注入浓度优化数学模型

依据井组黏度比相同原则，建立井组驱油剂浓度优化数学模型，指导驱油剂浓度个性化设计。

黏度比相同原则如式(3-13)所示：

$$\lambda_1 = \lambda_2 = \cdots = \lambda_i = \lambda \tag{3-13}$$

式中，λ_i为第 i 井组黏度比，小数；λ 为单元黏度比，小数。

$$\lambda = \frac{\mu_{pi}}{\mu_{oi}} \tag{3-14}$$

式中，μ_{pi}为第 i 井组驱替相黏度，mPa·s；μ_{oi}为第 i 井组原油黏度，mPa·s。

由聚合物黏浓关系曲线回归可得

$$\lambda = \frac{e^{-5}c_{pi}^2 - 0.0071c_{pi} + 3.59}{\mu_{pi}} \tag{3-15}$$

式中，c_{pi}为第 i 井组驱油剂浓度，mg/L。式(3-15)代入式(3-14)可得井组聚合物浓度优化数学模型：

$$\frac{\mu_{pi}}{\mu_{oi}} = \frac{e^{-5}c_{pi}^2 - 0.0071c_{pi} + 3.59}{\mu_{pi}} \tag{3-16}$$

在孤岛东区 Ng_3—Ng_4 高黏油藏化学复合驱方案设计中，针对平面原油黏度差异大的特点，采用井组注入速度优化数学模型和注入浓度优化模型进行井组个性化设计，并与未进行个性化设计开发效果对比，从对比结果来看，利用井组个性化精准优化可以再提高采收率 0.8%，当量吨聚增油再提高 1.7t/t(图 3-11、图 3-12)。

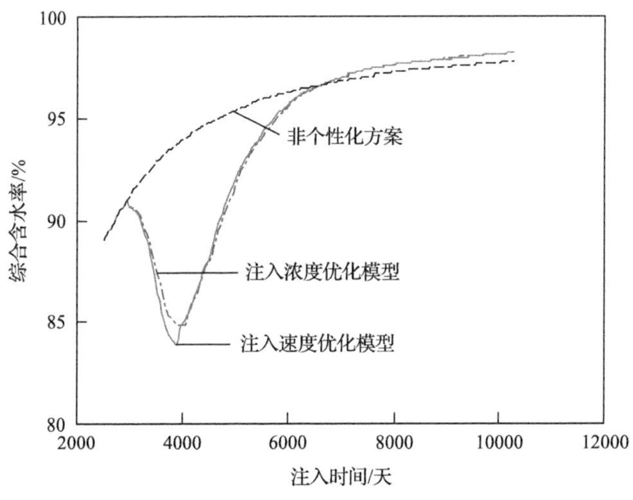

图 3-11　孤岛东区 Ng_3—Ng_4 化学复合驱含水率变化对比曲线

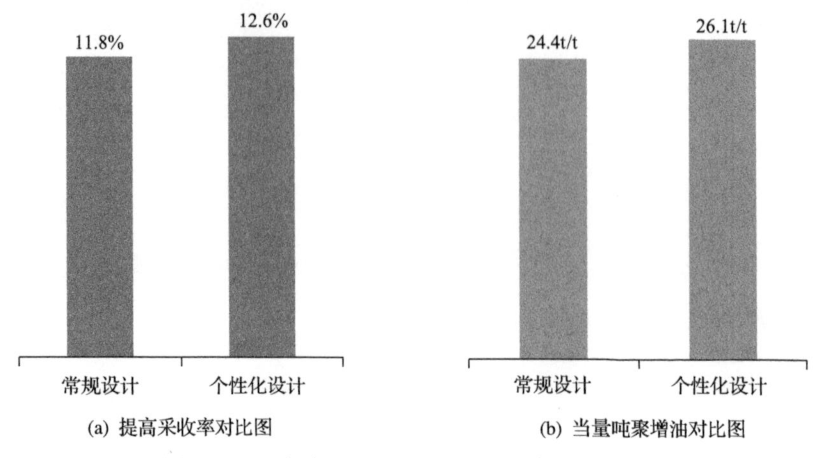

图 3-12　孤岛东区 Ng_3—Ng_4 化学复合驱效果对比

第二节　高黏弹超高分聚合物质量控制技术

聚合物溶液的表观黏度是通过流变仪测试的体相黏度，但聚合物溶液在地层多孔介质运移过程中，存在吸附、滞留的影响，同时，聚合物溶液通过地层孔喉过程中，受剪切应力的作用使其高分子线团沿剪切方向定向排列，溶液剪切黏度下降，但当聚合物溶液通过地层收缩-发散的喉道时，由于高黏弹超高分聚合物的高弹性作用，通过孔喉过程中流线收缩，孔喉处流速大于孔喉前的流速，流动单元在横向上变细、轴向上伸长而产生拉伸流动[45-50]。拉伸流动的特点是速度梯度方向或拉伸速率方向与流动方向一致。小分子溶液通过收缩孔喉时一般不产生拉伸流动，但由于高黏弹超高分聚合物溶液分子量在 3000×10^4 以上，因此在通过孔喉时，会产生较大的拉伸黏度，分子量越高，拉伸黏度越大，则通过孔喉越困难，越有利于提高阻力系数[51-54]。因此，聚合物溶液在多孔介质中流动产生的有效黏度，能够同时表征聚合物在孔喉中运移时由于黏性作用产生剪切黏度和由于弹性作用产生的拉伸黏度[55-59]，通过流变仪分别测试的体相剪切黏度和拉伸黏度无法完全模拟聚合物溶液在地层中所受到的黏性和弹性[60,61]，需要通过岩心渗流实验，研究聚合物溶液在地层中的有效黏度，从而对高黏弹超高分聚合物质量进行有效控制。目前常规的渗流实验主要有以下两种。

(1)岩心模拟装置：该装置即常规的驱替实验用人造岩心，该模型装置的优点是保留了储层岩石本身的孔隙结构特征、岩石表面物理性质及胶结物，更接近真实的多孔介质。但孔隙结构较复杂，岩心模拟装置本身制作起来可重复性差，导致实验结果的重复性存在较大问题。

(2)填砂模拟装置：该装置与岩心模拟装置相似，由于填砂模拟装置需手动填砂，填砂模拟装置的制作可重复性较差，同时由于没有胶结物，填砂岩心和真实岩心孔隙结构特征差别较大。

综合以上分析，如果要精确表征聚合物溶液在地层中由于黏弹作用产生的有效黏度，必须重新设计实验装置和岩心模拟装置，提高实验结果的可重复性。因此首先设计了聚合物溶液在多孔介质有效黏度测试装置。

一、多孔介质中有效黏度测试装置

高黏弹超高分聚合物在多孔介质中有效黏度测试装置如图 3-13 所示。

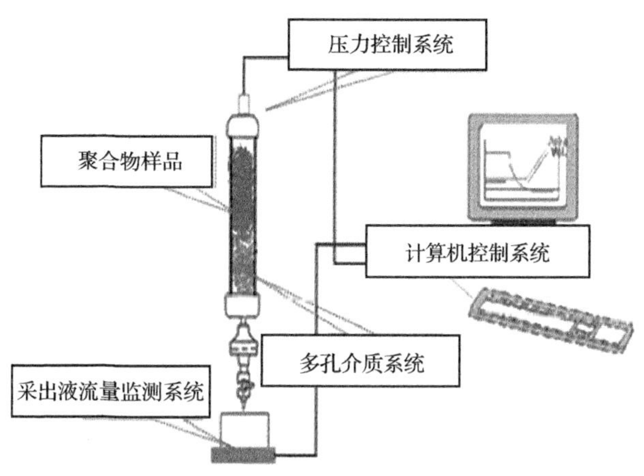

图 3-13　高黏弹超高分聚合物在多孔介质有效黏度测试装置

该装置主要组成部分如下。

(1)注入系统。该系统包括空压机和储液杯，空压机和计算机直接相连，通过计算机控制注入压力。

(2)多孔介质系统。多孔介质由特制的石英砂烧结而成，且可以重复利用，保证了实验结果的可重复性。

(3)采出液流量监控系统。该系统包括烧杯和电子天平，电子天平与计算机相连接，自动记录采出液流量。

测试时利用计算机控制注入压力，分别使一定黏度的水、聚合物溶液、后续水通过多孔介质渗流系统，利用液量监控系统监测三种溶液的流速，利用达西公式计算得到一定流速条件下聚合物在多孔介质渗流过程中的渗透率和有效黏度。

二、高黏弹超高分聚合物在多孔介质中有效黏度和表观黏度

利用流变仪测试聚合物溶液的表观黏度，利用聚合物在多孔介质中有效黏度测试装置测试聚合物在多孔介质中运移过程中的有效黏度，并比较两者的大小。

由图 3-14 可知，对于高黏弹超高分聚合物 B，聚合物的有效黏度大幅高于它

的表观黏度，主要原因是聚合物的有效黏度包括了聚合物的黏性和弹性共同作用，而聚合物的表观黏度只包括了聚合物的黏性作用。因此利用聚合物在多孔介质中有效黏度测试装置，可以更好反映高黏弹超高分聚合物的黏性和弹性在聚合物通过孔喉时对流动阻力的贡献，因此可以更好地对高黏弹超高分聚合物的质量进行监控。

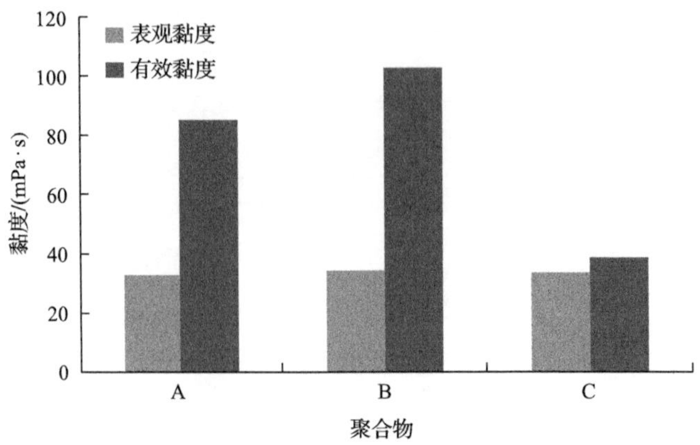

图 3-14　高黏弹超高分聚合物表观黏度和有效黏度对比

三、高黏弹超高分聚合物在多孔介质中有效黏度和提高采收率

从图 3-15 和图 3-16 实验结果可以得出，高黏弹超高分聚合物 B 在多孔介质中有效黏度和提高采收率的能力呈正相关性，主要原因是有效黏度反证了聚合物黏性和弹性的综合作用，因此它更能够反映聚合物溶液的综合驱油性能。

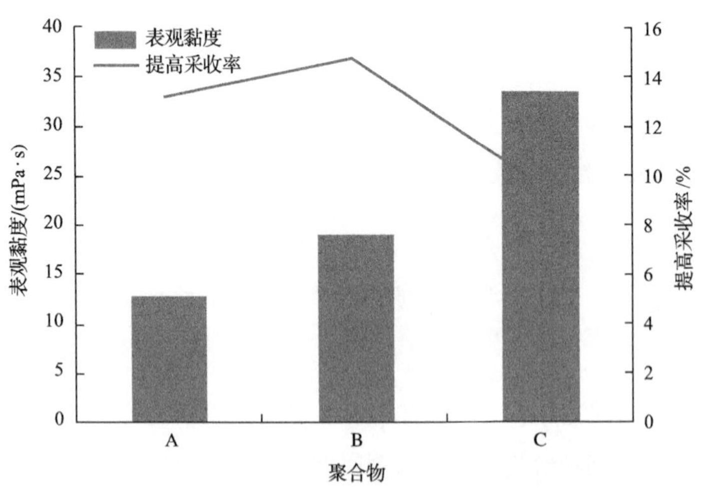

图 3-15　高黏弹超高分聚合物表观黏度和提高采收率对比

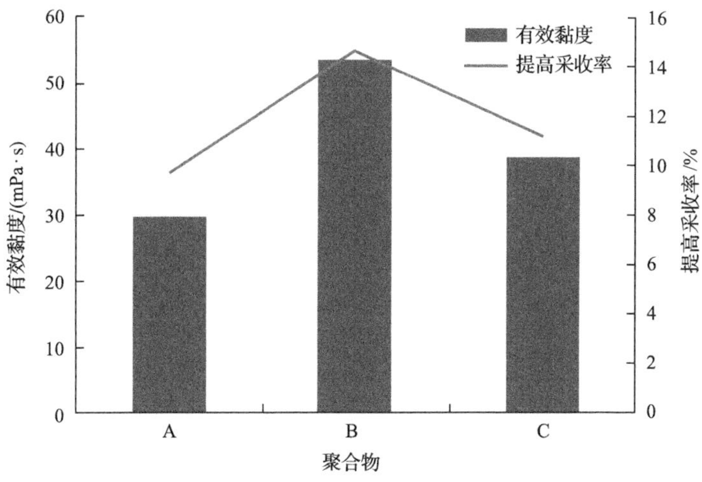

图 3-16 高黏弹超高分聚合物有效黏度和提高采收率对比

四、高黏弹超高分聚合物在多孔介质中有效黏度测试

通过该实验装置，测试常规聚合物、高黏弹超高分聚合物在岩心渗流过程中的有效黏度，并进行分析对比。

由图 3-17 有效黏度测试结果可知，高黏弹超高分聚合物在多孔介质中能够形成更高的有效黏度，主要因为高黏弹超高分聚合物在相同浓度条件下，不仅增黏性更好，同时具有更好的弹性，黏性和弹性的相互作用，使得聚合物在通过多孔介质时，能够产生更高的附加阻力，产生更高的有效黏度，因此高黏弹超高分聚合物在地层中扩大波及的能力更强。

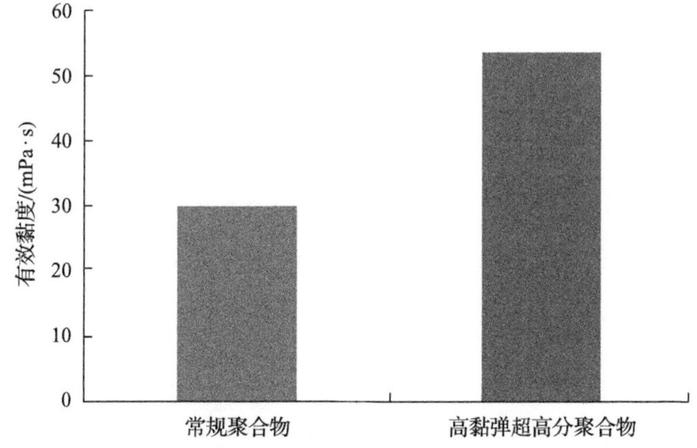

图 3-17 高黏弹超高分聚合物和常规聚合物多孔介质中有效黏度对比

第三节　高黏油藏举升工艺配套技术

高黏油藏化学驱见效后出现产液量下降的现象，产液量下降幅度一般在 30% 以上，主要原因有两方面：一是油井出砂严重造成液量较低；二是对于原油黏度较大的区块，原油流动性较差，化学驱见效后，液量下降更加明显。对于化学驱而言，液量的保持程度直接影响增油量，为此进行了高黏油藏化学驱配套工艺技术研究。

一、低阻防砂工艺

储层边部泥质含量高，油层堵塞，注聚见效含水率下降后，油井携砂及泥质物能力增强，是导致油井出砂低液甚至停产的主要原因。

(一) 新型高渗滤砂管工艺技术

滤砂管防砂工艺属于机械防砂方法，它是将地面预制好的具有较高强度、较高渗透性和滤砂性能的滤砂管在套管内下到出砂层位，使地层流体经滤砂管滤砂器进入中心管而采出地面，原油从地层携带出的地层砂粒中很少一部分细砂通过滤砂器被带至地面，绝大部分被阻挡在滤砂管外沉积于套管与滤砂器的环形空间，从而起到防砂的作用(图 3-18、图 3-19)。

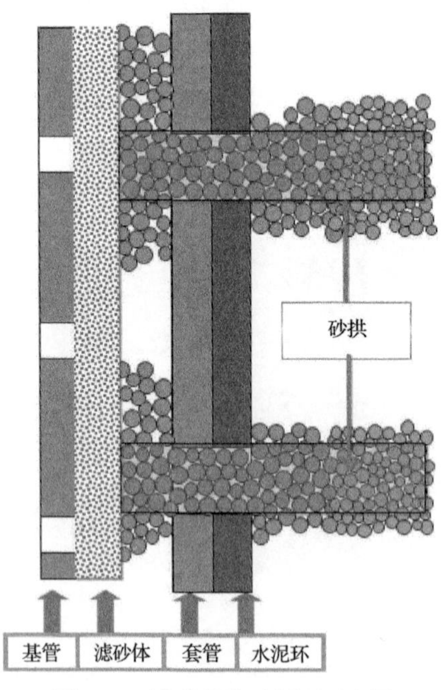

图 3-18　滤砂管防砂原理示意图

图 3-19　滤砂管实物图

该工艺技术有以下几点优势。

(1)制作工艺优化，强度大幅提高。原有滤砂管壳体性脆，其中加工工艺影响强度的环节较多，由于滤砂管成型后强度低，长期以来作业一次成功率较低(不超过 75%)。通过一体化成型工艺和内置不锈钢网强化层，保证了滤砂管强度，增强了现场适应性(图 3-20、图 3-21)。

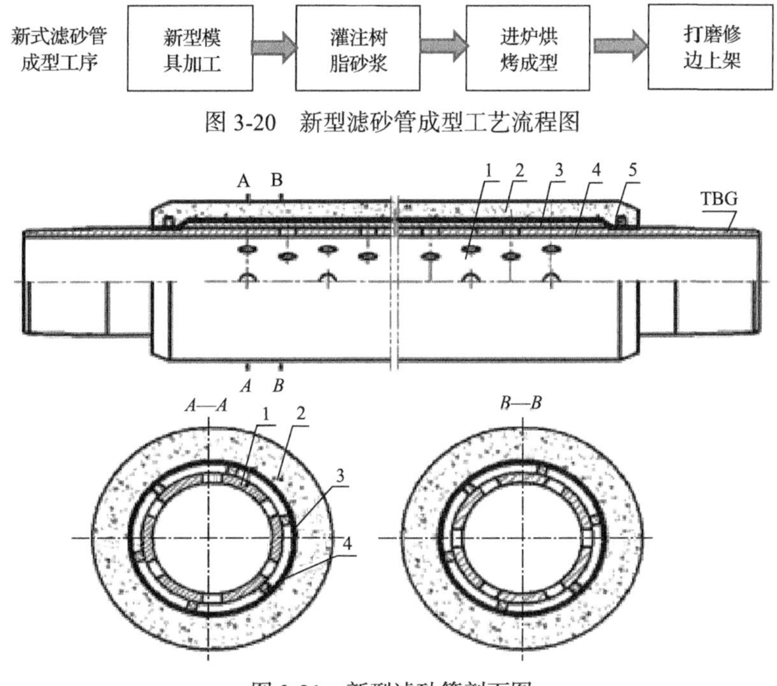

图 3-20　新型滤砂管成型工艺流程图

图 3-21　新型滤砂管剖面图

1-基管；2-砂体；3-不锈钢网；4-支撑筋；5-压环；TBG-三乙二醇丁醚

(2)配方优化，抗堵塞能力进一步增强。新型滤砂管对粒径参数、树脂配方等进行了优化，从实验分析看，涂覆砂对聚合物的吸附量最低；在相同排量下，滤砂管形成的压降与绕丝筛管相比明显降低，因此新型滤砂管防砂阻力更小、抗吸附能力更强(图 3-22、图 3-23)，进一步增强了排出泥质粉砂能力。

(3)新型滤砂管规格更加完善，适应井况增多。原有滤砂管仅有 Φ140mm/114mm 两种规格型号，对新型滤砂管进行了系列化设计生产，能适应 Φ114～177.8mm 等多种规范套管类型。

(二)覆膜砂光油管工艺技术

利用覆膜砂人工井壁防砂后光油管生产，降低了因防砂管柱造成渗流阻力增大的问题，同时通过增大沉砂口袋，允许一部分粉细砂排出，改善生产效果(图 3-24、图 3-25)。

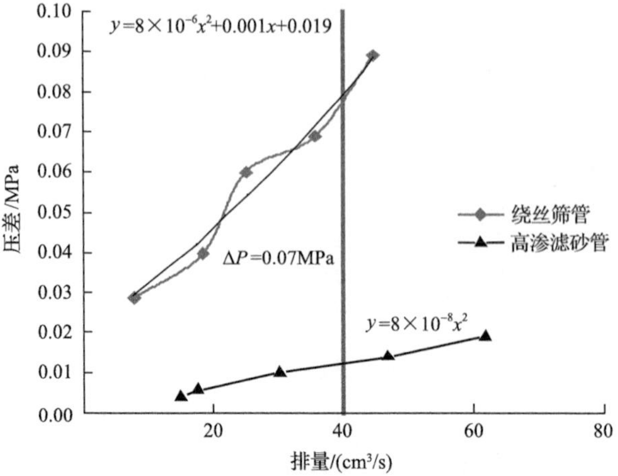

图 3-22　滤砂管与绕丝充填附加压差对比实验

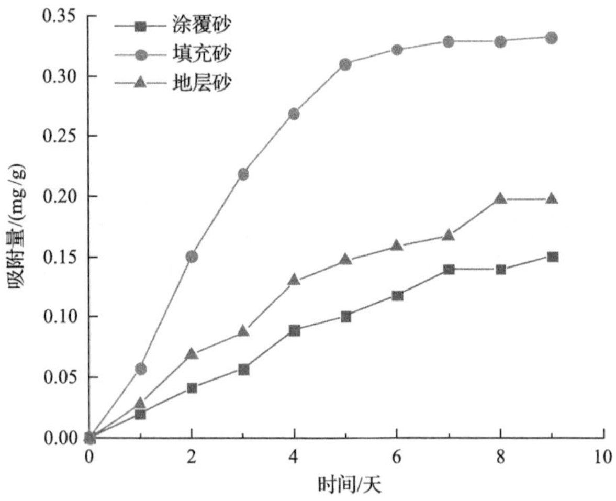

图 3-23　挡砂介质对聚合物吸附性能测试

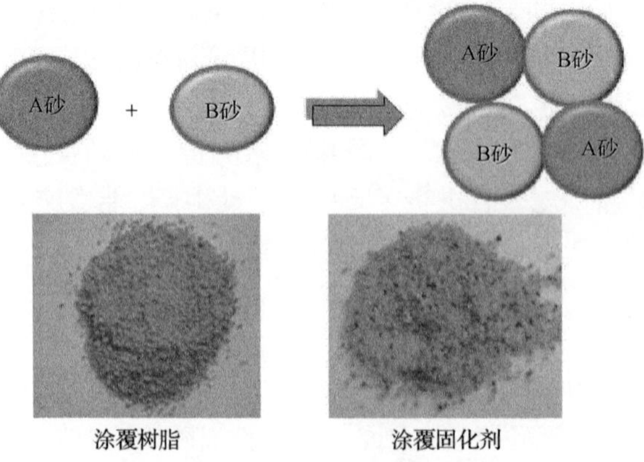

图 3-24　覆膜砂成型原理示意图

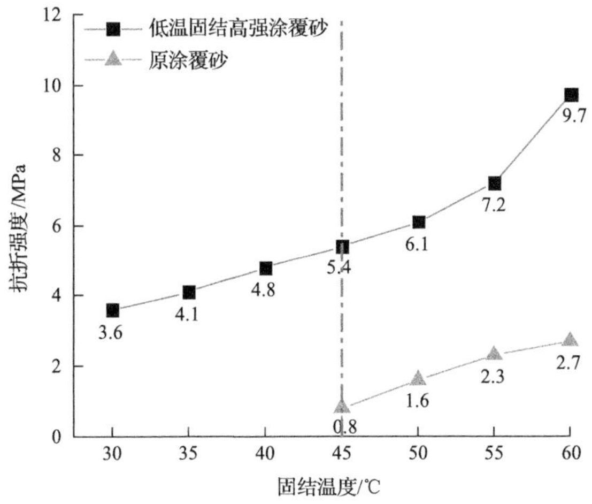

图 3-25　覆膜砂固结强度随固结温度变化曲线

高强度 AB 砂分别采用液态环氧树脂及液态固化剂涂覆，可满足低温下固结的需要。两种砂粒表面分别涂覆树脂和固化剂，解决了低温固结、常温运输与储存粘连问题；固结温度低至 30℃，地层温度条件下（45℃），抗折强度达到 5.4MPa，可以满足现场实施需要。

通过滤砂管防砂和覆膜砂人工井壁防砂等低阻防砂工艺的实施，可以有效降低井筒渗流阻力，改善生产效果。截至目前，化学驱采用高渗滤砂管、覆膜砂人工井壁防砂等低阻防砂井 31 口，平均液面升高 260m，单井增液幅度 34.0 个百分点，效果显著。

二、高速水打通道解堵充填防砂工艺

化学驱油井堵塞后常规解堵防砂效果差主要存在的问题有：①注聚见效后产液黏度升高，稠油近井堵塞；②聚合物大分子长链弯曲缠绕，携带力强，近井泥砂堵塞半径加大。

高速水打通道解堵充填防砂技术就是利用压裂车组以变排量（500～2500L/min）大剂量的前置液对近井地带进行疏通解堵，其次以大排量（1800～2500L/min）携砂液携带一定规模的砾石，在近井地带形成一定半径和强度的挡砂屏障。挤压施工完成后直接进行环空充填施工，保证了防砂屏障的稳定性和连续性。通过降黏（解堵）剂变排量高速水冲洗，形成充填通道，解除近井污染和堵塞，同时进行分级充填，减少充填层混砂，饱和充填提高筛套环空充满率，达到降低砂砾互混充满率的目的（图 3-26～图 3-28）。

对于挤压充填防砂来说，当改造半径超过 3m 后，随改造半径增加，产量增加率明显放缓，因此优化挤压充填改造半径 3m 左右即可。

引进该技术以来，化学驱实施 22 口井高速水解堵防砂工艺，平均单井日产液增加 16.6t。

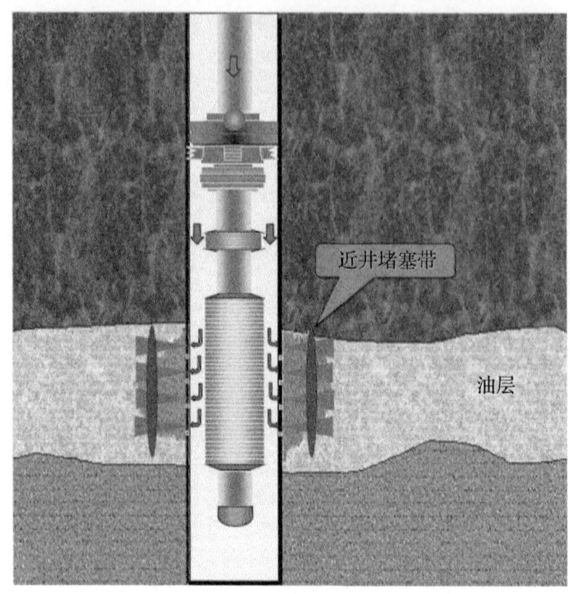

图 3-26　高速水清理通道示意图

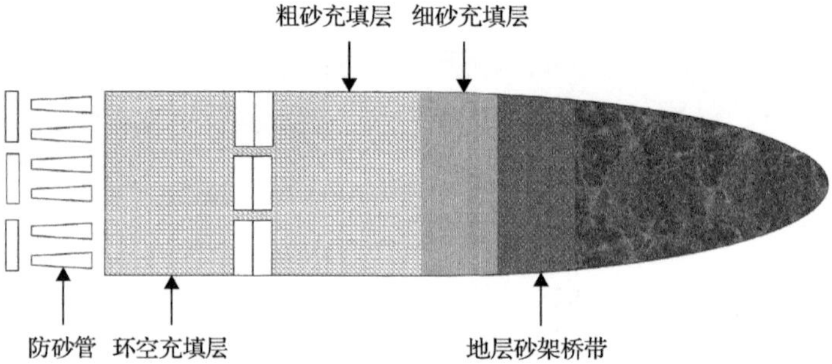

粗砂充填层　细砂充填层

防砂管　环空充填层　地层砂架桥带

图 3-27　分级砾石充填示意图

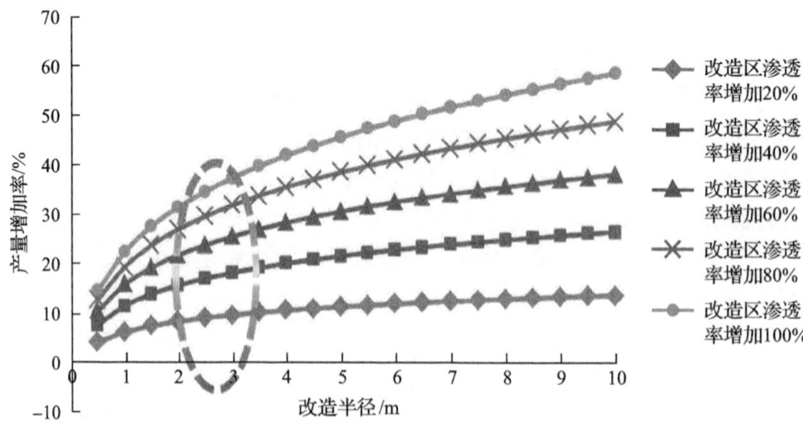

图 3-28　不同改造区渗透率条件下挤压改造半径与产量增加率关系图

三、空心杆过泵降黏工艺

目前，胜利油田稠油主要有四种井筒降黏方式：掺热污水降黏、电加热降黏、密闭循环伴热降黏和化学辅助降黏。为了确定各种降黏技术的工艺适应性和经济性，开展了井筒降黏技术研究。

稠油被加热到某一温度后，黏度明显降低，流动性大幅度改善，该温度为稠油流动的敏感温度。加热降黏要求井筒温度高于敏感温度。针对具体的稠油区块，实验测定其不同含水率下敏感的温度，是井筒热力降黏的基础。

针对空心杆掺热污水降黏工艺，主要开展了相关参数优化研究，根据产液量、井口热水温度、目标温度，可以确定日掺水量及掺水深度(图 3-29～图 3-31)。

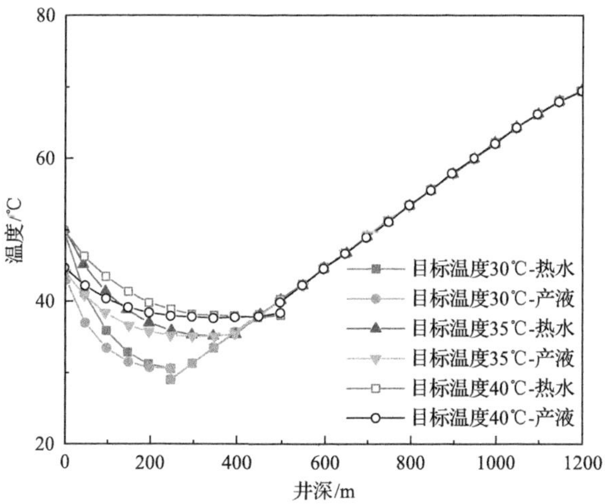

图 3-29　热水、产液温度分布(日产液量 5t、含水率 30%、60℃)

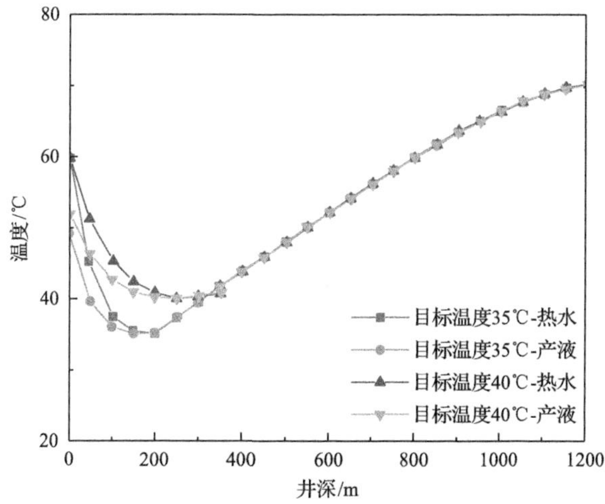

图 3-30　热水、产液温度分布(日产液量 25t、含水率 30%、60℃)

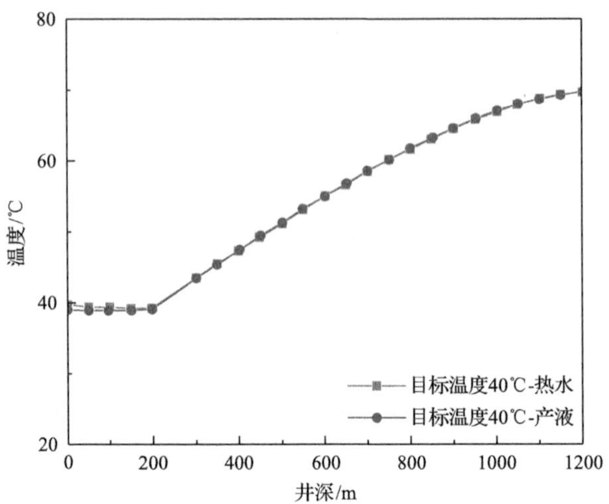

图 3-31　热水、产液温度分布(日产液量 30t、含水率 30%、60℃)

对不同储层类型采用不同的降黏工艺，对症下药，降本增效(图 3-32)。针对油稠低液井，优化实施 15 口空心杆过泵降黏工艺，平均单井日加药 9.9kg，实施后油井泵效提高 12.4 个百分点，单井日产增液 12.5t。

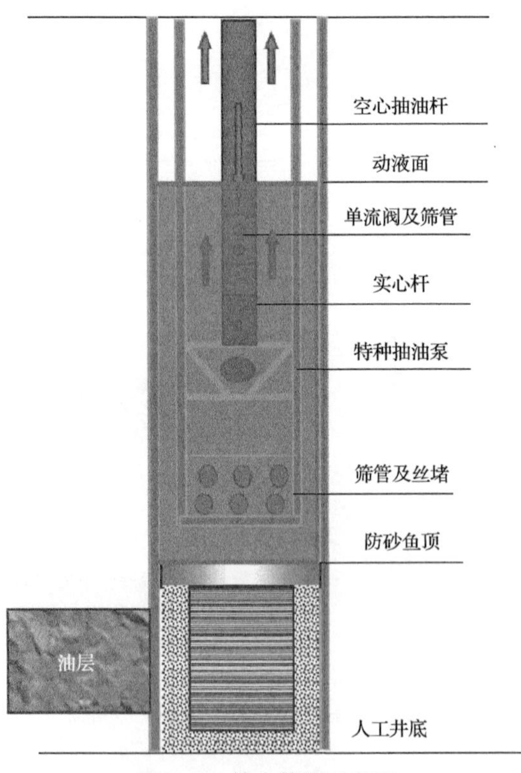

图 3-32　掺水管柱示意图

第四节 动态跟踪评价技术

一、注入系统动态变化

高黏油藏实施化学驱后，注入压力呈现明显上升态势(图 3-33)。随着驱油剂的注入，注入压力上升，一般上升 2～4MPa，注入量达到 0.4PV 之后，压力趋于平稳。各单元阻力系数基本都在 1 以上(图 3-34)，体现了油藏渗流阻力的增大。这是因为化学驱油体系具有良好的增黏效果，使得驱替相黏度增大，改善了油水流度比，地层渗流能力降低。主流线渗流阻力的增大为后续流体提供了往别处渗流的动力，从而有利于扩大波及体积，驱替动用程度较弱的区域。

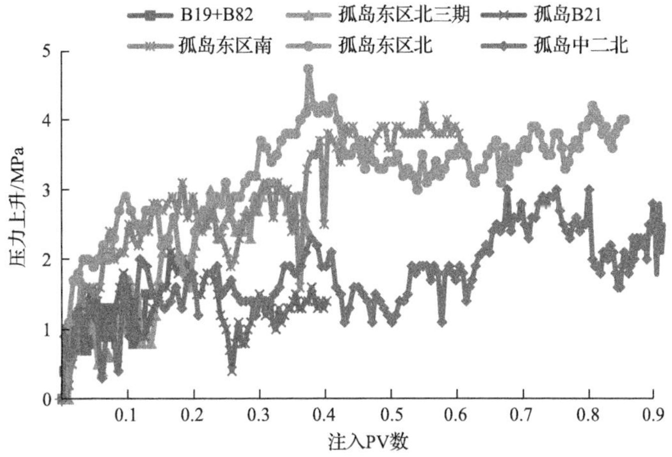

图 3-33 高黏油藏化学驱压力变化曲线

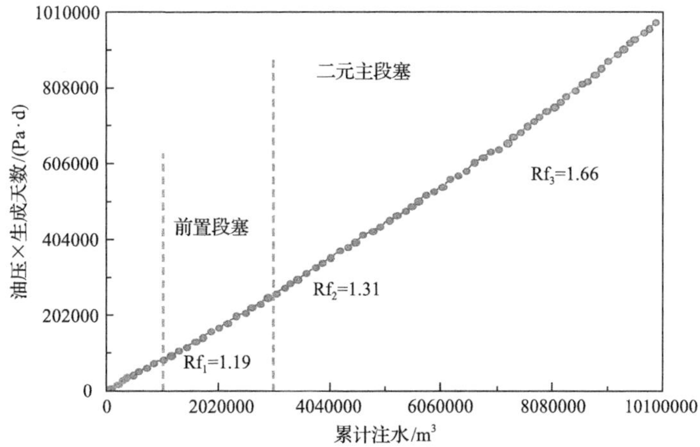

图 3-34 孤岛东区南 Ng_3—Ng_4 二元驱霍尔曲线

Rf_1、Rf_2、Rf_3 分别为段塞 1、段塞 2 和段塞 3 的阻力系数

二、生产系统动态变化

(一)综合含水率变化特征

对比高黏油藏和常规油藏的化学驱含水率变化，高黏油藏含水下降的起始时间较晚，但下降幅度较大，下降漏斗较宽。

从图 3-35 曲线看，原油黏度大于 150mPa·s 的高黏油藏化学驱单元一般在注入 0.1PV～0.15PV 时，含水开始呈现下降趋势，注入至 0.4PV 左右，含水下降至最低点，在谷底维持时间较长；聚合物驱项目含水下降幅度为 7%～10%，高黏油藏化学驱项目含水下降幅度为 10%～15%。从图 3-36 曲线看，原油黏度小于 70mPa·s

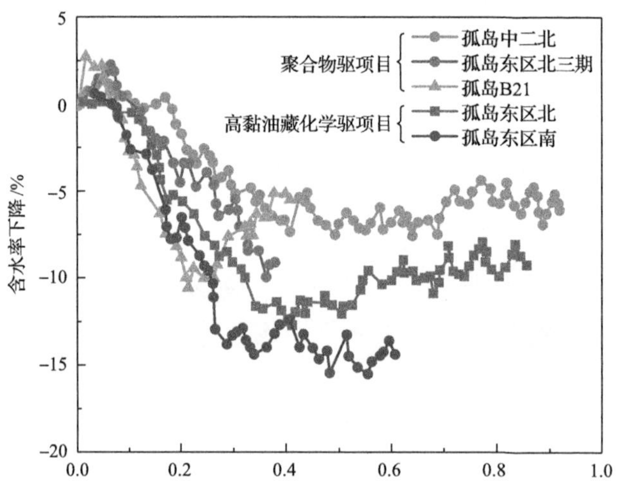

图 3-35　高黏油藏化学驱综合含水率变化曲线(原油黏度大于 150mPa·s)

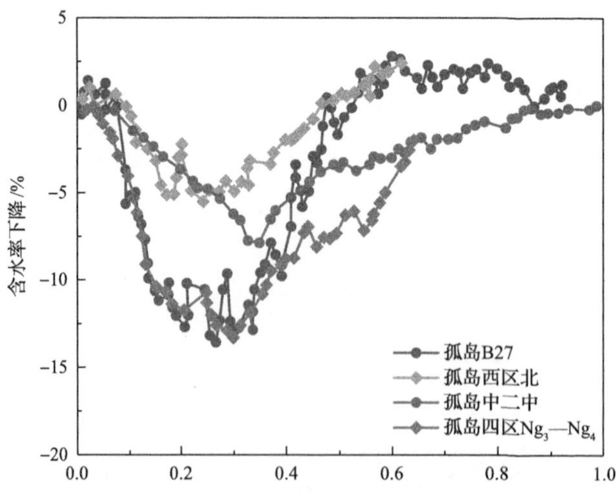

图 3-36　常规油藏化学驱综合含水率变化曲线(原油黏度小于 70mPa·s)

的常规油藏化学驱项目含水下降的起始时间一般是在注入 0.1PV 以内，注入至 0.3PV 左右时，含水达到最低值，聚合物驱项目(即中二中、西区北)下降幅度为 5%～10%，高黏油藏化学驱项目(即 B27、四区 Ng_3—Ng_4)下降幅度为 10%～13%，含水漏斗宽度较窄。

(二)产液量变化特征

实施化学驱后，原油黏度大于 150mPa·s 的高黏油藏化学驱单元产液量持续下降，下降幅度多大于 40%，较难保持(图 3-37)。而原油黏度小于 70mPa·s 的常规油藏化学驱项目见效后液量呈现下降趋势，下降幅度在 30%左右，之后保持相对稳定(图 3-38)。

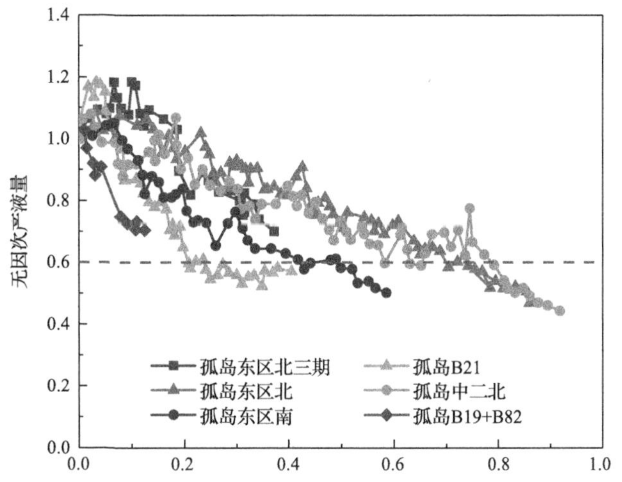

图 3-37　高黏油藏化学驱无因次产液量变化曲线(原油黏度大于 150mPa·s)

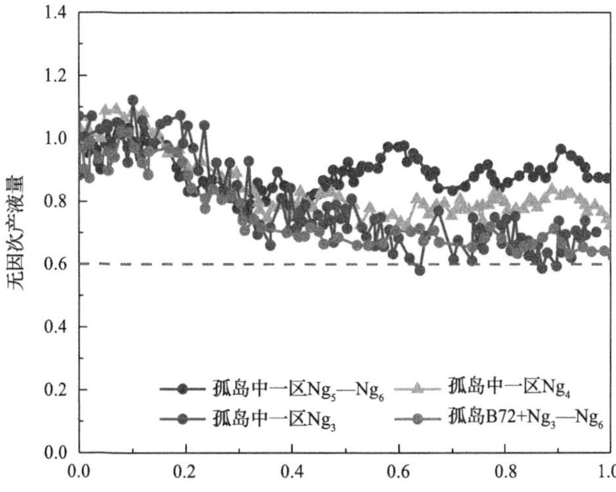

图 3-38　常规油藏化学驱无因次产液量变化曲线(原油黏度小于 70mPa·s)

(三)原油性质变化特征

实施化学驱后，地面原油黏度发生了变化(图 3-39)。第一段塞注入高浓度聚合物溶液之后，产出的原油黏度出现下降趋势，转注二元驱油体系后，随着其不断注入，原油黏度呈现上升趋势。分析认为，高浓度聚合物段塞的注入，驱替相黏度增大，注入压力上升，渗流阻力增加，扩大了波及体系，动用了水驱难以动用的原油，轻质组分含量相对较高；而随着活性剂的注入，活性剂降低界面张力和附着功，使洗油效率大大提高。

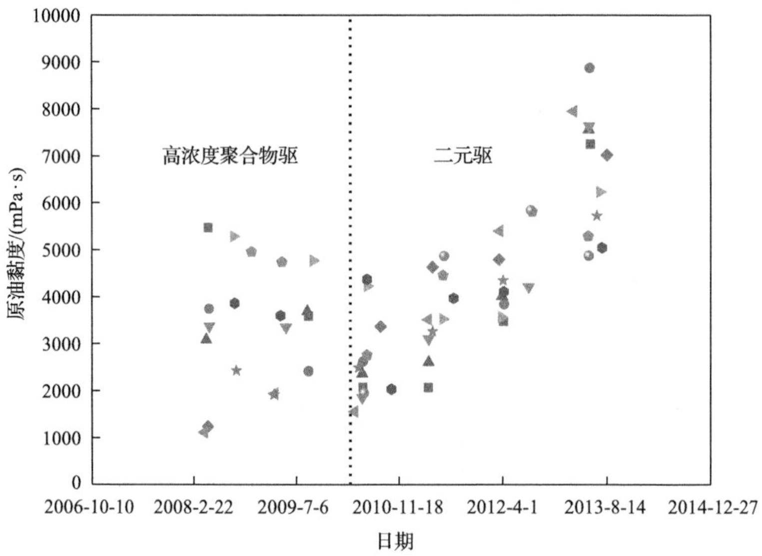

图 3-39　高黏油藏化学驱原油黏度变化曲线(原油黏度大于 150mPa·s)

第四章　高黏油藏化学驱矿场应用实例

在胜利油田开展了高黏油藏化学驱技术工业化推广应用，并且取得了显著的降水增油效果。应用 8 个单元(表 4-1)，动用地质储量 7220×10^4t，已累计增油 488×10^4t，阶段累计产油 816×10^4t，约提高采收率 11.4%，增加可采储量 823×10^4t。

表 4-1　高黏化学驱矿场应用效果统计

项目名称	地质储量/10^4t	地下原油黏度/(mPa·s)	累计增油/10^4t	阶段累计产油/10^4t	提高采收率/%
孤岛中二北 Ng_3—Ng_4	1590	352	158	258	13
孤岛北 21 北 Ng_3—Ng_4	880	552	44	91	7.5
孤岛东区 Ng_3—Ng_4 北部	1467	320	154	225	12.6
孤岛东区馆 Ng_3—Ng_4 南部	1092	573	115	181	16.5
孤岛东区北+中二北 Ng_4	459	550	14	39	9.8
孤岛 B19+B82 Ng_3—Ng_4	862	420	3	17	7.0
东辛油田营 8 沙二 8	110	220		1	8.2
胜坨油田坨 28 块东二段	760	287		4	13.3
合计	7220		488	816	11.4(平均值)

第一节　孤岛东区 Ng_3—Ng_4 高黏油藏化学复合驱

一、油藏地质特征

孤岛油田东区位于孤岛披覆背斜构造东翼，西部与中二区相邻，北部、南部分别以孤岛 1、2 号大断层为界，是一个人为划分的不封闭开发单元。主要含油层系为 Ng_3—Ng_5 砂层组，含油面积为 17.2km^2，平均有效厚度为 17.6m，地质储量为 5006×10^4t，储量集中在 Ng_3—Ng_4 砂层组。注聚区含油面积为 7.4km^2，有效厚度为 19.9m，地质储量为 2559×10^4t。有 9 个相对独立的油层，其中主力油层为 Ng_3^5 和 Ng_4^4，呈大面积连片分布，储量占总储量的 50.1%，其次为 Ng_3^3 和 Ng_3^4，储量占总储量的 27.5%，4 个小层的储量占总储量的 77.7%(表 4-2)。

表 4-2　孤岛东区 Ng_3—Ng_4 砂层组油层评价表

小层	含油面积/km^2	有效厚度/m	孔隙体积/10^4m^3	地质储量/10^4t
Ng_3^1	0.6	1.8	38	19
Ng_3^2	3.1	4.2	404	229
Ng_3^3	5	4.7	760	412
Ng_3^4	3.2	5.3	521	296
Ng_3^5	6.6	5.2	1126	606
Ng_4^1	1.1	3.1	109	59
Ng_4^2	2.7	3	240	128
Ng_4^3	2	3.4	226	116
Ng_4^4	5.1	7.7	1237	677
合计			4661	2542

东区 Ng_3—Ng_4 单元油藏埋深 1200～1320m，为受构造控制的层状高黏油藏，具有高孔隙、高渗透、中等饱和的特点。地层平均孔隙度为 31.1%，平均空气渗透率为 $1138\times10^{-3}\mu m^2$，原始含油饱和度为 61.3%。地面原油黏度一般为 1500～3000mPa·s，地面原油密度为 0.9624～0.9926g/cm^3，地下原油黏度为 50～150mPa·s，地下原油密度平均为 0.919g/cm^3。

东区 Ng_3—Ng_4 单元边水比较活跃，Ng_4 各层普遍存在边水，Ng_4 边水界面深度为 1280m，给开发提供了一定的驱动能量。

东区 Ng_3—Ng_4 单元在区域构造背景上为南北两大断层夹持的单斜垒块，区域构造简单平缓，西高东低，地层倾角为 1.3°，除南北各有一条边界断层外，内部无断层，以主力油层 Ng_3^3、Ng_3^4、Ng_3^5、Ng_4^4 为单元的储层顶底的起伏形成局部的高点、鼻状、斜面、低点及沟槽等微型构造形态。

东区 Ng_3—Ng_4 砂层组为河流相沉积，主要的沉积特点如下。

(1)砂体底部冲刷面及底砾层普遍不发育，显示河道侵蚀能力不强；

(2)河道主体砂岩粒度偏细且较均匀，显示为远源搬运沉积；

(3)泛滥平原中紫红色泥岩所占泥岩比例较少，为 10%左右；

(4)馆陶组上段平均砂岩含量百分比为 50%左右，自下而上砂岩含量由大变小，Ng_4、Ng_3 油组分别为 50%和 35%左右；

(5)河道单砂体厚度较大，平均为 4.4m，最大叠置厚度可达 20m(Ng_4^4 油砂体)，反映河流砂体有较强的垂向叠加能力，且其规模差异较大；

(6)厚层河道沉积序列多为正韵律，以钟形为主，顶部快速递变，是曲流河点砂坝侧向加积的结果，在 D7-33 井和 D7-8 井沉积序列中表现明显。

以上特点反映该区的河流沉积基本符合曲流河沉积体系的沉积模式。

东区 Ng_3—Ng_4 砂层组为曲流河沉积，包括三种亚相，即河床、河床溢洪、泛滥平原，六种微相，即主河道、心滩或边滩、河道边缘、次级河道、溢岸、泛滥平原。

东区 Ng_3—Ng_4 单元沉积微相的空间展布表现如下。

(1) Ng_3 砂组：存在三个旋回期次。Ng_3^5 为弯曲度较大的曲流河主河道，总体表现为 S 形展布，河道厚度为 2～4m，下部宽度为 600m、上部仅 300m，9 排、11 排中南部区一直处于河道间泥区沉积。Ng_3^4 曲流主河道向北退缩，南部无河道砂体。Ng_3^3 时期，曲流河在中西部南北贯通展布，厚度仅 2m 左右。Ng_3^2 到 Ng_3^1 以较窄的次级河道为主，全区仅一条宽 300m 的河道在中部 7 排—11 排间呈南北向发育，河道性质已经从曲流河向小型顺直河道转化。

(2) Ng_4 砂组：总体表现为一个上升到稳定的旋回。Ng_4^4 是本层最主要的砂体，为较宽的主河道，表现为大型曲流河性质，河道宽 1500m 左右，全区厚度较均一，为 4m 左右，大面积南北向展布。Ng_4^3 至 Ng_4^1 河道退缩，主要为较窄的曲流河主河道和次级河道，河道宽 500～800m，厚 2～4m，多为南北向展布，少数近东西向。

取心井岩样分析表明，馆陶组上段油层主要为粉细砂岩，岩石成分中石英占 50%～60%，长石占 30%～40%，岩屑占 10%以上，为长石岩屑砂岩，其中长石主要为钾长石、斜长石；岩屑主要为石英岩屑，其次为结晶岩屑、喷出岩屑，偶见泥屑和砂屑。

颗粒大多数呈棱角状、次棱角状、磨圆度中等到差，分选一般，总的来说，岩石结构成熟度和成分成熟度较低。Ng_3、Ng_4 粒度中值分别为 0.121、0.118，分选较差，分选系数分别为 1.56、1.68。

砂岩的填隙物由泥质和碳酸盐胶结物组成。Ng_3、Ng_4 泥质含量分别为 10.1%、10.3%，碳酸盐含量分别为 1.31%、2.35%。泥质组成中包括多种自生矿物，如高岭石、伊利石、蒙脱石、伊-蒙混层、绿泥石等，它们以不同的形式充填于颗粒之间，经过 X 射线衍射分析，黏土矿物中以伊-蒙混层为主，其次是高岭石。

碳酸盐矿物主要为铁白云石集合体、方解石，偶见白云石，多以胶结物的形式出现。此外，还见到石英次生加大和石英自形晶体、自生云母、针状石膏以及黄铁矿等充填于孔隙中，从而降低了储层的空隙空间。

储层以高孔、高渗、中等饱和度为特征。岩心分析表明，原始孔隙度平均为 31.1%，原始空气渗透率平均为 $1138 \times 10^{-3} mm^2$，原始含油饱和度平均为 61.3%。

根据东区 Ng_3—Ng_4 单元平面上砂厚、孔隙度、渗透率分布分析，特征体现在以下方面。

(1) Ng_3、Ng_4 砂组从上到下，随着砂体的规模增大，总体物性变好，孔隙度、渗透率等值线的分布范围增大；孔隙度和渗透率在 Ng_3^5 和 Ng_4^4 时最大，一般可达 40%和 5.9mm^2 以上；从平面上看，一般砂体越厚，物性越好；物性的展布主要与沉积微相的展布相关。总体来看，主河道和次级河道的物性较好，孔隙度平均在 35%以上，渗透率在 2.0mm^2 以上；河道边缘孔隙度和渗透率平均分别为 30%和 1.1mm^2 左右；泛滥平原的物性较差，平均为 23%和 0.7mm^2 左右。

(2) 东区 Ng_3—Ng_4 有 9 个含油小层，各小层之间渗透率差别较大，层间非均质性比较严重。主力层 Ng_3^5、Ng_4^4 的渗透率大于 1000×10^{-3}μm^2，另外两个主力层 Ng_3^3 和 Ng_3^4 的渗透率为 700×10^{-3}～800×10^{-3}μm^2，而非主力层渗透率较小，为 550×10^{-3}～650×10^{-3}μm^2，Ng_3^2 的渗透率仅为 560×10^{-3}μm^2。

(3) 东区 Ng_3—Ng_4 单元油藏为高黏油藏。其中原油具有“三高一低”的特征，即高比重、高黏度、高饱和压力、低凝固点。地面原油密度为 0.9624～0.9926g/cm^3，黏度为 1500～5000mPa·s，地下原油密度平均为 0.919g/cm^3，地下原油黏度为 300～500mPa·s，凝固点为–20～16℃。原油组分具有“二高二低”的特征，即胶质含量高、含硫量高、沥青质含量低、含蜡量低。胶质含量高达 27%～54%，含硫量为 0.68%～4.64%，沥青质含量为 6.6%，含蜡量为 4.9%～7.2%。

(4) 东区 Ng_3—Ng_4 单元地层水以 $NaHCO_3$ 型为主，原始地层水矿化度较低，平均为 3899mg/L，且变化不大，仅局部低于 1000mg/L。地层水中的离子以 K^++Na^+ 和 Cl^-为主，其次是 HCO_3^-，而 Ca^{2+}、Mg^{2+}、CO_3^{2-} 和 SO_4^{2-} 含量较低，钙、镁离子含量平均为 71mg/L。目前产出水矿化度较高，平均为 5694mg/L，钙、镁离子含量为 78mg/L，主要是高矿化度的污水回注造成的，目前注入水矿化度为 7156mg/L，钙、镁离子含量为 230mg/L。

(5) 东区 Ng_3—Ng_4 单元原始地层压力为 12.49MPa，目前地层压力为 11.3MPa，原油饱和压力为 8.94MPa，原始地层温度为 71℃，油藏为常压、常温系统。

二、水驱开发状况

东区 Ng_3—Ng_4 单元自 1975 年 6 月投入开发以来已有 40 多年，其开发历程可分为如下阶段。

1) 天然能量开采开发阶段(1975 年 6 月～1978 年 2 月)

该阶段历时 33 个月，阶段产油 84.38×10^{4}t，采出程度为 2.35%，该段末地层总压降为 2.06MPa。

无水采油期(1975 年 6 月～1976 年 2 月)，历时 9 个月，该阶段以弹性驱动为主，主要动态特点表现为天然能量弱，单井产量低，平均单井日产油只有 7.8～11.3t，阶段产油 14.15×10^{4}t，阶段末压降为 0.27MPa。

含水采油期(1976 年 3 月～1978 年 2 月)，历时 24 个月，该阶段由于地层压力下降，逐步扩散到边部，边水逐渐发挥作用，单井产能和单元日产油量都有所上升，单井日产油由 9.5t 上升到 15.5t，单元日产油由 610t 上升到 1228t。但由于边水推进速度快(水井水线平均推进速度为 1.08m/d)，全区综合含水率上升，阶段末含水达 21.5%，同时由于采油速度增大，地下亏空加大，全区压降迅速增加，阶段末压降为 2.06MPa。阶段产油 70.23×10^4t，阶段末累计产油 84.38×10^4t，采出程度为 2.35%。

2)注水开发阶段(1978 年 3 月至 2020 年 3 月)

低含水采油期(1978 年 3 月～1980 年 2 月)，历时 24 个月，该阶段由于注水全面见效，地层压力回升，压降由注水前的 2.06MPa 下降到 0.16MPa，单井日产油量有所回升，达到 17.9t，阶段产油 91.5×10^4t，累计产油 175.88×10^4t，采出程度为 4.91%，阶段末总压降为 0.16MPa。

中含水采油期(1980 年 3 月～1989 年 3 月)，该阶段历时 109 个月，该阶段重点进行以控制含水上升速度、强化注水、恢复地层能量为主要内容的综合注采调整工作。同时，于 1987 年 2 月进行了加密调整，设计新钻油井 45 口，转注井 24 口，将原来的反九点面积注水井网转化成南北向行列式注采井网，调整后单元日产油量达到 1172t。阶段末含水达到 74.2%，阶段平均含水上升率在 8.76%左右，阶段产油 336.14×10^4t，阶段末累计产油 512.02×10^4t，采出程度为 14.29%，地层总压降为 0.61MPa。

高含水采油期(1989 年 4 月～1993 年 5 月)，历时 50 个月，该阶段针对高含水初期注水失调、含水上升速度快、单井产能低、井网控制程度差等矛盾，于 1989 年 3 月和 1991 年 4 月进行了强化完善注采系统及局部细分调整，设计新钻油井 31 口，水井 36 口，形成目前的行列式注采井网，调整后注水量增加，注采比上升，产液量、产油量增加，但含水上升较快。该阶段平均含水上升率为 4.48%，阶段末含水 89.3%。阶段产油 157.84×10^4t，累计产油 669.86×10^4t，采出程度为 18.71%，地层总压降为 0.67MPa。

特高含水采油期(1993 年 6 月至 2020 年 3 月)，该阶段主要开展了以控水稳油为目的的综合注采调整调配工作，由于东区 Ng_3—Ng_4 单元油稠，油水黏度比高，该阶段含水继续上升，目前已达到 95.2%，累计产油 693.5×10^4t，采出程度为 27.1%。

注聚前，孤岛东区 Ng_3—Ng_4 单元油井开采 129 口，水井开采 79 口，单元日产液 9455.7t，日产油 438.6t，平均单井日产液 73.3t，单井日产油 3.4t，综合含水率 95.3%，日注水 7323.3m^3。

三、剩余油分布研究

(一)油层平面水淹及剩余油分布

储层的非均质特性导致平面上的水淹程度和剩余油分布存在一定的差异。东

区 Ng_3—Ng_4 单元从 1978 年开始注水已有 40 多年历史，平面上注入水已全面波及，在主体部位，通过多次井网调整和长期注水开发，平面上已高度水淹。统计油井的动态数据，全区含水小于 90%的生产井只有 29 口，占总井数的 20.4%，主要分布在南部断层和油稠区域；含水在 90%～95%的生产井有 17 口，占 13.2%；大部分井含水在 95%～98%，占总井数的 47.0%；而含水高于 98%的井也比较多，有 25 口，占总井数的 19.4%，油层平面已大面积水淹。

从剩余油饱和度分布可以看出，各层的剩余油饱和度都比原始含油饱和度有了大幅度下降，目前的剩余油饱和度一般在 40%～50%，其平均值比原始平均值 61.3%下降了十几个百分点。目前剩余油的分布比较分散，剩余油饱和度大于 50%的区域面积小且分散。

主力层 Ng_3^5 的剩余储量丰度平均为 10×10^4～30×10^4t/km^2，局部区域（与中二区交界处、南部断层附近）剩余储量丰度较高，大于 40×10^4t/km^2。Ng_4^4 储量分布较为均衡，绝大部分区域的剩余储量丰度在 20×10^4～40×10^4t/km^2，局部区域大于 40×10^4t/km^2，西北部储量相对较高，剩余储量相对 Ng_3^5 丰富。

（二）层间剩余油分布

储层岩性和物性的差异以及长期水驱开发不均衡的矛盾，导致层与层之间储量动用程度存在一定的差异。从数值模拟分层开采状况来看，主力层油层发育好，井网完善，采出程度高，但由于其地质储量大，剩余储量仍较多。

（三）层内剩余油分布

东区 Ng_3—Ng_4 单元的主力油层，特别是 Ng_3^5 和 Ng_4^4 较厚，通常由多个次级旋回的砂体组成。在同一旋回内部，沉积韵律的影响，渗透率有明显差异，导致层内采出程度和水淹不均衡。对于正韵律沉积，下部水淹程度较高，顶部较低，对于复合韵律，中部水淹程度较高，顶、底水淹程度较低，层内剩余油的分布具体表现在以下几个方面。

独立存在的河道单砂体如果没有采油井钻到并射孔采油，其动用程度差，剩余油可观，这类河道砂体主要是 100～300m 宽的次级河道微相单元，Ng_3 油组中上部主要是此种类型的河道。在有采油井钻穿的河道单砂体中，纵向上主河道、点坝、心滩及次级河道或河道边缘序列剩余油的分布主要在砂体中上部，砂体厚度及内部泥质夹层影响剩余油的产状，横向上河道边缘是富含剩余油的部位。

东区 D6-J24 井的碳氧原子比比测井解释成果显示，Ng_3^3、Ng_3^5、Ng_4^2 层为复合韵律层，总体上各韵律层顶部剩余油较高，同时层内小夹层对剩余油分布有一定控制作用，层内剩余油分布表现为受沉积韵律控制的多段式富集。

Ng_3—Ng_4 单元各层油砂体主要是两层或多层单河道砂体的组合，河道砂体的组合样式有多种形式，其中对接式、肩列式、叠加式砂体组合是剩余油的潜在分布区，剩余油主要分布在河道边缘及砂体的结合部位，这些部位在平面上厚度相对较薄，一般沿主河道两侧分布。

从以上分析可以看出，断层附近、油层边角地带、油层尖灭区附近需进一步完善注采关系；注采井间的剩余油、岩性为正韵律油层的上部剩余油，可采用聚合物驱方式开采，以扩大波及体积，提高原油采收率。

四、高黏油藏化学复合驱参数优化

在室内驱油体系研究基础上，利用数值模拟对高黏油藏化学驱注采参数进行优化。

(一)配方浓度、段塞尺寸优化

参考室内试验结果，建立复合驱注入参数取值表(表 4-3)，表面活性剂、聚合物浓度以及段塞尺寸均在其合理的取值范围内等间距取四个值，按油价 50 美元/bbl (1bbl=159L)进行优化。

表 4-3　复合驱浓度、段塞优化参数取值表

序号	A 聚合物浓度/%	B 表面活性剂浓度/%	C 段塞尺寸/PV
1	0.17	0.2	0.3
2	0.18	0.4	0.4
3	0.19	0.6	0.5
4	0.20	0.8	0.6

选用 L16(45)正交表，根据正交设计表可产生 16 套方案，分别对各方案进行复合驱数值模拟及经济评价，可得到各方案的技术、经济指标。同时，分别对各方案进行模糊综合评判，可得到其综合评判值。表 4-4 为正交设计表，它反映了方案中各注采参数的取值及该套方案的综合评判值。

表 4-4　复合驱注入参数优化正交设计表

方案号	A1	B2	C3	D4	E5
1	1	1	1	1	1
2	1	2	2	2	2
3	1	3	3	3	3
4	1	4	4	4	4
5	2	1	2	3	4
6	2	2	1	4	3
7	2	3	4	1	2

续表

方案号	A1	B2	C3	D4	E5
8	2	4	3	2	1
9	3	1	3	4	2
10	3	2	4	3	1
11	3	3	1	2	4
12	3	4	2	1	3
13	4	1	4	2	3
14	4	2	3	1	4
15	4	3	2	4	1
16	4	4	1	3	2
Ⅰ	0.65	0.76	0.65		
Ⅱ	0.79	0.81	0.74		
Ⅲ	0.73	0.73	0.69		
Ⅳ	0.70	0.71	0.67		

注：Ⅰ～Ⅳ分别为各对应列因子上 1～4 水平效应的估计值。

从表 4-4 可以看出：①试验区各注入参数按它们对开发效果影响的敏感程度，依次排序为聚合物浓度、表面活性剂浓度、段塞尺寸；②表面活性剂、聚合物浓度存在配伍性，该复合体系的最优组合为 0.4%S+0.18%P（S 为表面活性剂，P 为聚合物）；③考虑技术和经济综合因素，段塞尺寸存在一个最优值，该试验区的优化结果为 0.4PV。

（二）注入速度优化

分别设计了 0.06PV/a、0.07PV/a、0.08PV/a、0.1PV/a、0.11PV/a 五种注入速度。结果表明，随注采速度的增大，提高采收率幅度变化不大。考虑到现场的实际注入能力并借鉴其他二元区块的经验，推荐注入速度为 0.08PV/a。

（三）注入方式优化

研究表明，前置调剖段塞+主体段塞+后置保护段塞的注入方式开采效果将优于单一段塞注入方式。其理由在于：增加前置调剖段塞可减少主段塞中表面活性剂的吸附，同时提高体系的增溶能力；而设计的后置保护段塞可减缓后续水驱的“指进”和“窜流”，以保护主段塞。本方案在保持主体段塞不变的情况下，设置了前置调剖段塞和后置保护段塞，共设计了四种注入方式，进行优选。从计算结果可以看出（表 4-5），多级段塞的方案提高采收率值较高。

表 4-5 不同注入方式效果对比表

方案号	注入方式	提高采收率/%
1	0.4PV[(0.2%SLPS+0.2%gd-1)+0.18%P]	8.2
2	0.1PV(0.24%P)+0.4PV[(0.2%SLPS+0.2%gd-1)+0.18%P]	10.2
3	0.4PV[(0.2%SLPS+0.2%gd-1)+0.18%P]+0.05PV0.15%P	8.9
4	0.1PV(0.24%P)+0.4PV[(0.2%SLPS+0.2%gd-1)+0.18%P]+0.05PV0.15%P	10.4

(四)注入方案优化结果

根据孤岛东区目前的矿场进展情况，预计转高黏油藏化学驱时可注聚合物段塞 0.1PV，该段塞可以作为高黏油藏化学驱的前置调剖段塞。前置调剖段塞为 0.1PV[0.24%P]；根据室内试验和数模优化结果，东区高黏油藏化学驱主体段塞的驱油配方为 0.5PV[0.2%SLPS+0.2%gd-1#助剂+0.18%P]；设计后置保护段塞为 0.05PV[0.15%P]；注入速度为 0.08PV/a；溶液配制为清水配制母液、产出水稀释注入。

方案设计采用清水配置母液、污水稀释注入的注入方式，初步设计三段塞注入方式。

前置调剖段塞：0.1PV[0.24%P]；

二元主体段塞：0.5PV[0.2%SLPS+0.2%gd-1#助剂+0.18%P]；

后置保护段塞：0.05PV[0.15%P]；

注入速度：0.08PV/a。

根据数值模拟预测，该方案能够提高采收率 11.3%。

五、高黏油藏化学复合驱矿场实施效果

孤岛东区整体分两批矿场投注。第一批东区北地质储量为 1467×10^4t，注入井 53 口，生产井 116 口；第二批东区南地质储量为 1092×10^4t，注入井 49 口，生产井 113 口。实施后两个批次的降水增油效果显著。

(一)孤岛东区北 Ng_3—Ng_4

1. 注入系统

孤岛东区北 Ng_3—Ng_4 实施高黏油藏化学驱后注入压力上升 4.8MPa，渗流阻力增加。随着驱油体系的注入阻力系数 Rf 逐渐增大，二元阶段后期阻力系数为 1.57，转注聚后阻力系数为 1.99(图 4-1)，黏度较高的驱油体系改善流度比，增大渗流阻力，降低地层导流能力，促使后续流体进一步扩大波及体积。

2. 生产系统

实施高黏油藏化学驱后，综合含水率由 96.9%下降到 84.0%，下降了 12.9%；日产油量由 187t 上升至 880t，增加了 693t(图 4-2)。

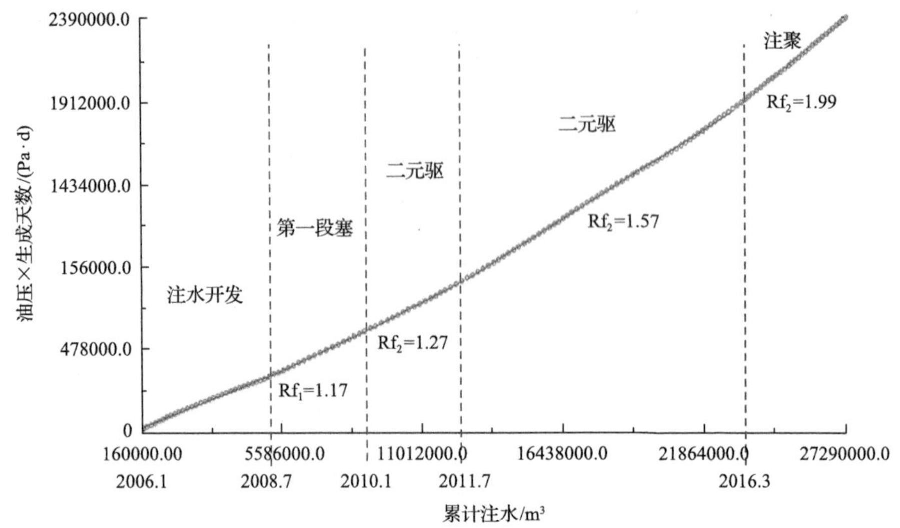

图 4-1　孤岛东区北 Ng_3—Ng_4 高黏油藏化学驱霍尔曲线

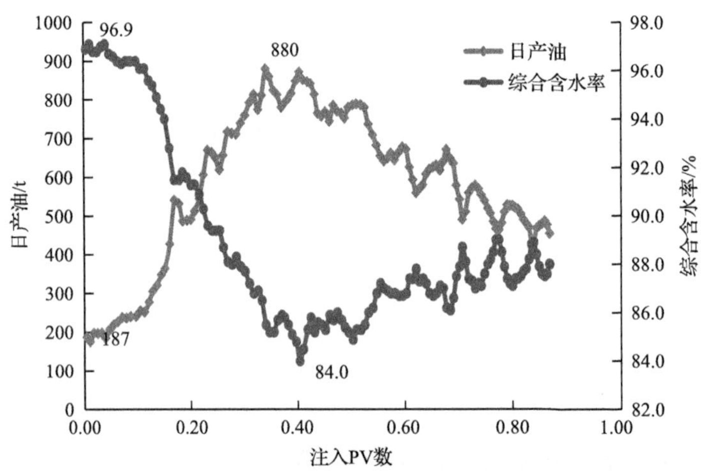

图 4-2　孤岛东区北 Ng_3—Ng_4 高黏油藏化学驱生产曲线

东区北 Ng_3—Ng_4 见效井 111 口，见效率为 99%，单井平均累计增油 13995t。全区累计增油 156.2×10^4t，采收率已提高 10.65%，数模预测提高采收率 12.2%，增加可采储量 179.4×10^4t。

(二)孤岛东区南 Ng_3—Ng_4

孤岛东区南 Ng_3—Ng_4 实施后注入压力由 7.5MPa 上升至 11.4MPa，上升了 3.9MPa，二元阶段后期阻力系数为 1.66，渗流阻力增加。

综合含水率由 94.7%下降到 79.4%，下降了 15.3%；日产油量由 251t 上升至 847t，增加了 596t(图 4-3)。

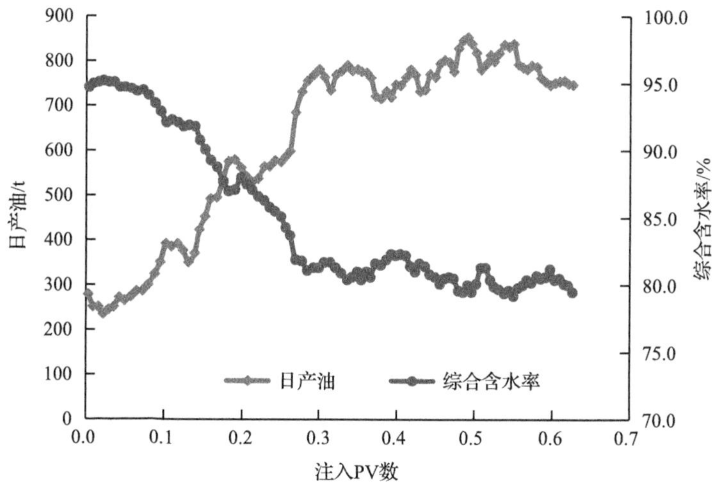

图 4-3　孤岛东区南 Ng_3—Ng_4 高黏油藏化学驱生产曲线

孤岛东区南 Ng_3—Ng_4 总见效井 98 口，开井 92 口，见效率为 90.5%，单井平均累计增油 1.18×10^4t。全区累计增油 116.3×10^4t，采收率已提高 10.66%，数模预测提高采收率 13.7%，增加可采储量 149.1×10^4t。

（三）孤岛东区 Ng_3—10^4Ng_4Ⅲ期

孤岛东区 Ng_3—Ng_4Ⅲ期实施后注入压力由 7.2MPa 上升至 11.3MPa，上升了 4.1MPa，二元阶段后期阻力系数为 1.52，渗流阻力增加（图 4-4）。

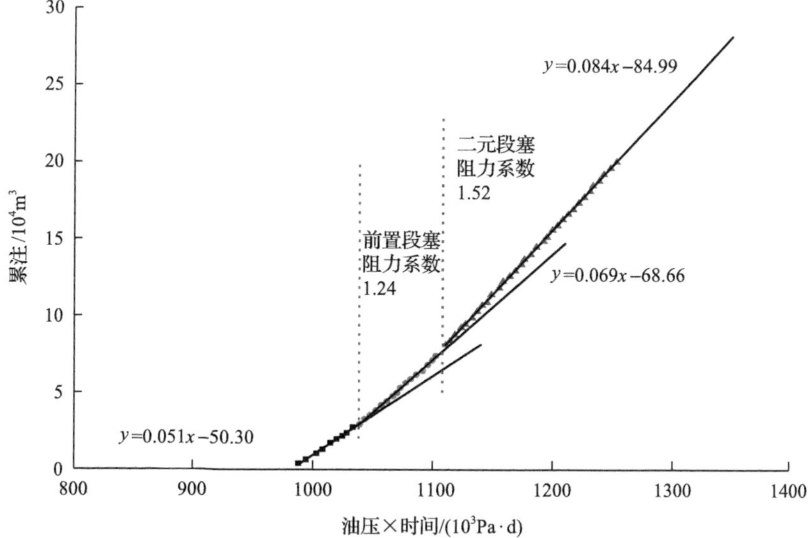

图 4-4　孤岛东区 Ng_3—Ng_4Ⅲ期高黏油藏化学驱霍尔曲线

综合含水率由 92.7%下降到 80.6%，下降了 12.1%；日产油量由 120t 上升至 299t，增加了 179t(图 4-5)。

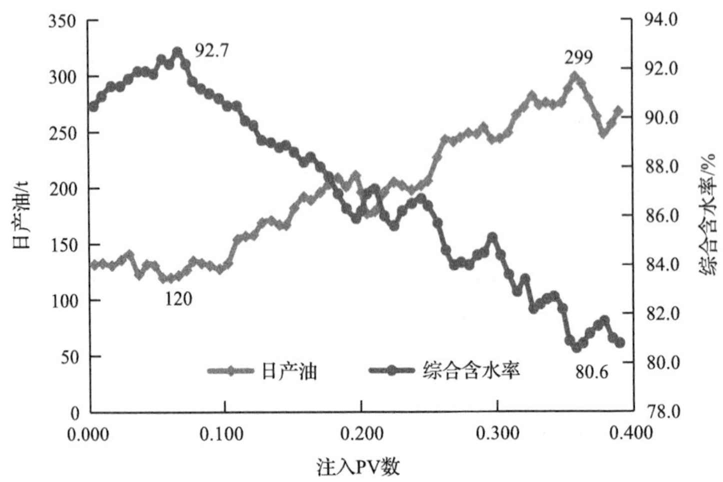

图 4-5　孤岛东区 Ng_3—Ng_4Ⅲ期高黏油藏化学驱生产曲线

孤岛东区 Ng_3—Ng_4Ⅲ期总见效井 35 口，见效率为 83%，单井平均累计增油 4095t。全区累计增油 14.3×10^4t，采收率已提高 3.12%，数值模拟预测提高采收率 8.5%，增加可采储量 39.6×10^4t。

第二节　孤岛油田 B21 块 Ng_3—Ng_4 高黏油藏聚合物驱

一、油藏地质特征

B21 断块位于孤岛披覆背斜构造的最西端，东部与西区 3-6 单元和南区 B61 相邻，是人为划分的界限，南北均以砂体尖灭线为界，西边界为 Ng_3 的外含油边界(图 4-6)。

B21 断块是一个单斜构造，平面构造简单，东高西低，东缓西陡，东部构造倾角为 1°～2°，西部构造倾角为 2°～3°。断块含油面积为 $3.6km^2$，地质储量为 867×10^4t，含油层系主要为 Ng_3、Ng_4 砂层组，其中 Ng_3 砂层组储量为 749×10^4t，占 Ng_3、Ng_4 砂层组地质储量的 86.4%，为 B21 断块的主力含油砂层组。B21 断块 Ng_3 砂层组自上而下划分为 5 个小层，其中 Ng_3^3、Ng_3^5 为主力含油小层，Ng_3^4 为次含油小层；Ng_4 砂层组自上而下划分为 4 个小层，其中以 Ng_4^2 为主力含油小层(图 4-8)。

油层埋藏深度为 1225～1301m，为构造层状普通高黏油藏，具有构造简单、储量集中、胶结疏松、油稠等地质特点(图 4-7)。地层平均孔隙度为 31.7%，平均

空气渗透率为 $1280\times10^{-3}\mu m^2$，原始含油饱和度为 65%。地面原油黏度一般为 2000～5900mPa·s，地面原油密度为 $0.981g/cm^3$，地下原油黏度为 40～100mPa·s，地下原油密度为 0.955～$0.981g/cm^3$，油藏基本参数详见表 4-6。

(一) 构造特征

B21 断块顶面构造总体为自东向西倾没的单斜构造，构造较为简单，东缓西陡，东部构造倾角为 1°～2°，西部为 2°～3°，在该背景下局部反映出一些微小的起伏变化(图 4-8)。

(二) 沉积特征

1. 原生沉积构造

岩心观察和B21-8-17、B21-4-检15等井的地层微电阻率扫描成像测井(FMS)、全井眼地层微电阻率成像测井(FMI)井壁微电阻率成像测井资料解释结果表明，Ng_3—Ng_4各沉积单元内发育丰富的沉积构造，其中砂体中上部平行层理及板状层理、槽状交错层理十分发育，交错层理由下向上倾角变小。顶部较细的泥质粉砂岩中多具不对称波状层理及由云母、炭屑与泥质粉砂岩互层构成的水平层理。泥岩一般无明显的层理构造。各砂体内部沉积构造在 FMS、FMI 微电阻率成像测井图上具有清楚而完整的显示，沉积构造序列反映 Ng_3—Ng_4各沉积单元为一套牵引流沉积的产物。

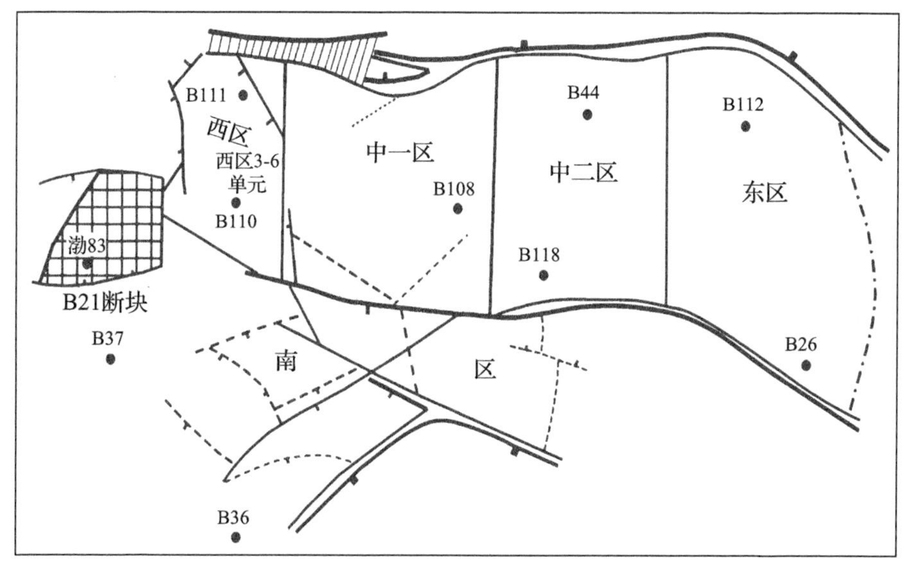

图 4-6　孤岛油田 B21 断块位置示意图

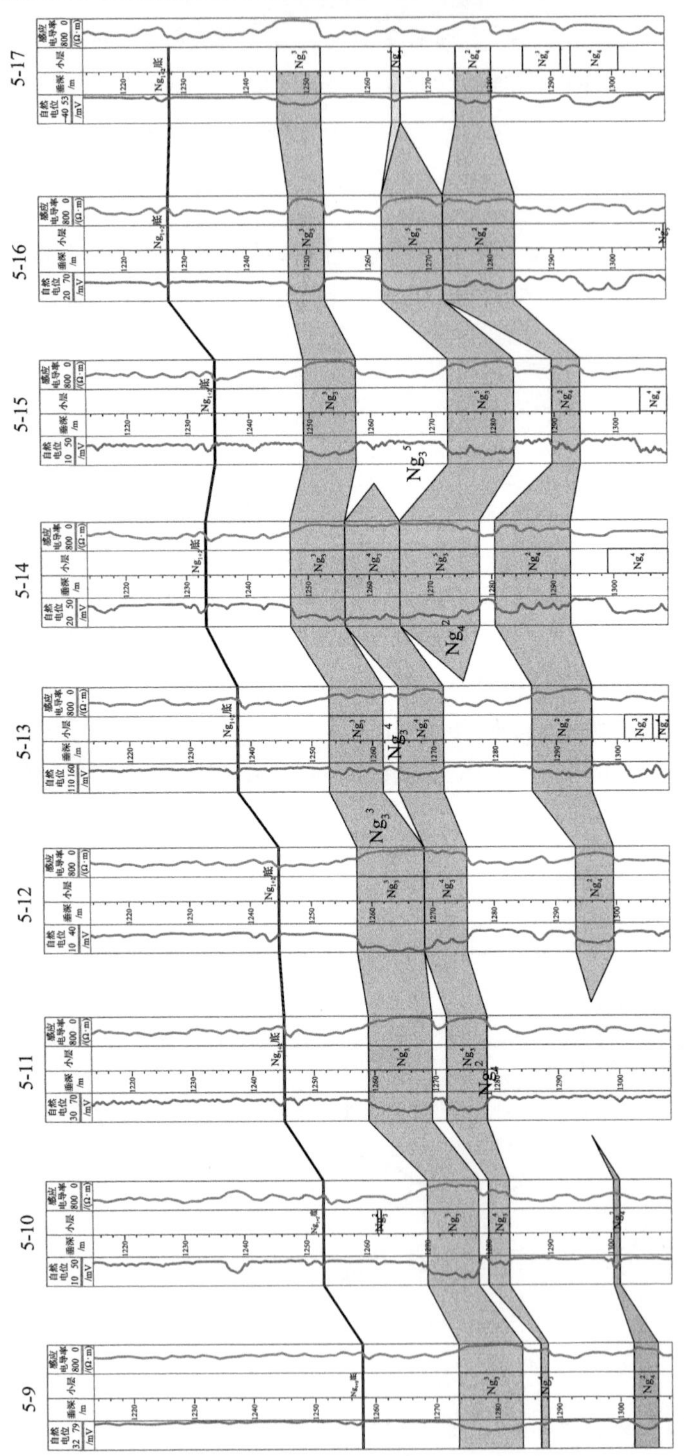

图4-7　B21断块油藏剖面图(北西-南东向)

表 4-6　孤岛 B21 断块油藏地质参数表

参数	参数值	参数	参数值
油藏埋深/m	1225～1301	原始地层压力/MPa	12.69
含油面积/km^2	3.6	饱和压力/MPa	9.25
有效厚度/m	14.0	原始地层温度/℃	72
地质储量/10^4t	867	地面原油黏度/(mPa·s)	2000～5900
空气渗透率/$10^{-3}\mu m^2$	1280	地下原油黏度/(mPa·s)	40～100
孔隙度/%	31.7	地面原油密度/(g/cm^3)	0.981
含油饱和度/%	65	地下原油密度/(g/cm^3)	0.955～0.981
粒度中值/mm	0.15～0.2	水化学类型	$NaHCO_3$
分选系数	1.2～1.9	原始地层水矿化度/(mg/L)	4005
泥质含量/%	6～8	原始二价离子含量/(mg/L)	108
碳酸盐含量/%	0.4～0.8	目前产出水矿化度/(mg/L)	6485
原始油气比	20～30	目前二价离子含量/(mg/L)	140

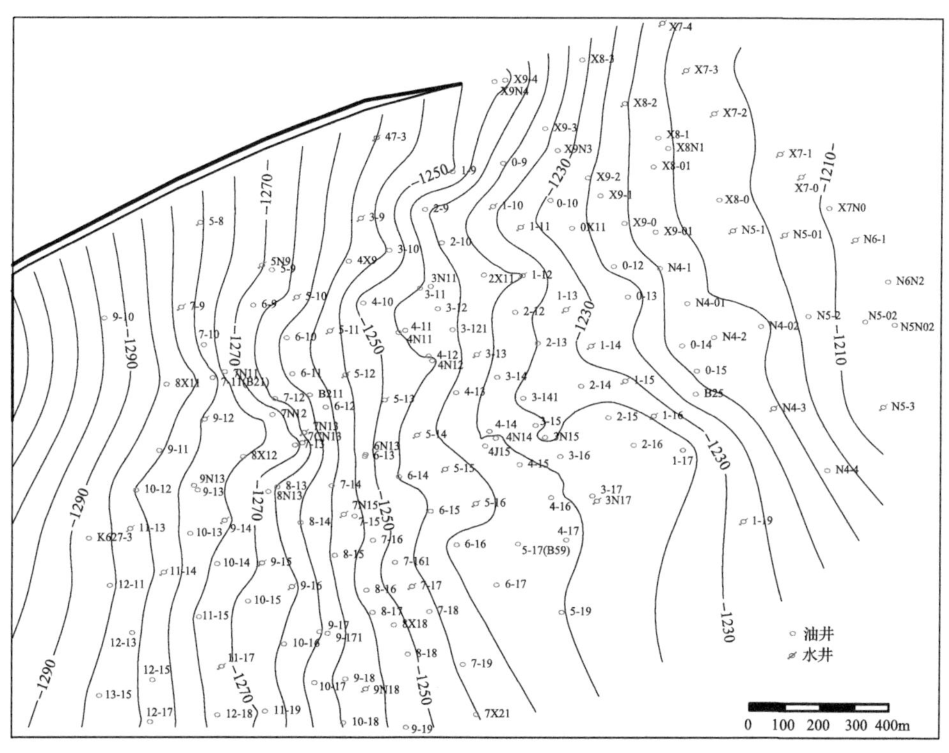

图 4-8　B21 断块 Ng_3^3 顶面构造图(单位：m)

2. 古生物特征

B21 断块 Ng_3—Ng_4 各沉积单元内动物化石稀少，但植物碎片丰富。在砂体底部滞留沉积中有碳化植物树枝及鳜鲃类化石碎片；在砂体顶部的浅灰色泥质粉砂岩或粉砂质泥岩中，碳化植物碎片富集呈碳质纹层，古生物化石反映该区 Ng_3—Ng_4 各沉积单元形成于陆上冲积平原环境。

3. 砂岩粒度分布特征

B21-4-检 15 井 Ng_3—Ng_4 层 256 块岩心样品的粒度分析表明，砂岩粒度特征反映了河流相沉积的水动力条件，具体表现如下：

B21 断块 Ng_3—Ng_4 沉积单元砂岩概率累积曲线可见三段式和两段式两种类型，以两段式为主。三段式主要出现于 Ng_4^{21}、Ng_4^{22} 沉积单元砂体的底部，三段式由滚动、跳跃、悬浮三种组分组成，以跳跃组分为主，含量为 50%～65%，分选较好，滚动组分一般小于 10%，粗截点在 1.5ϕ左右，细截点为 2.5ϕ～3ϕ。两段式由跳跃、悬浮两种组分组成，其中跳跃组分含量为 60%～80%，斜率较大，倾角为 60°～70°，分选较好；悬浮组分含量较低，为 20%～40%，倾角为 20°～30°，分选较差，细截点为 2.5ϕ～3.5ϕ。

从 Ng_3—Ng_4 四个主力砂体的粒度 *C-M* 图可以看出（*C* 为粒度分析资料累积曲线上颗粒含量 1%处对应的粒径，*M* 为累积曲线上 50%处对应的粒径，即粒度中值。*C* 值与样品中最粗颗粒的粒径相当，代表水动力搅动开始搬运的最大能量；*M* 代表水动力的平均能量），除 Ng_4^2 沉积单元发育少量的 PQ 段外，Ng_3^3—Ng_3^5 各沉积砂体的 *C-M* 图均显示 QR 和 RS 段发育，而 PQ 段不发育的特点，表明该区 Ng_3^3—Ng_4^2 砂体为以递变悬浮和均匀悬浮搬运为主的曲流河沉积。由于曲流河河床平坦，水流速度较缓，使水流推动力变小，从而缺乏滚动搬运颗粒。但由于曲流河一般水流流量大，载荷力大而使悬浮负载增加，因此曲流河沉积的砂岩粒度 *C-M* 图中 PQ 段不发育，而以 QR 和 RS 段为主。

4. 砂体形态

砂体的几何形态也是重要的沉积相标志之一，不同成因的砂体往往具有不同的几何形态。根据 Ng_3—Ng_4 各沉积时间单元钻井剖面的对比结果分析，可以看出，砂体在垂直河道走向的横剖面上呈不对称的顶平底凸的透镜状分布，内弯带薄、外弯带增厚，在平面上呈弯曲条带状，甚至忽宽忽窄而呈串珠状分布。单向环流作用，使凹岸侧向加积，河道弯曲度不断增加，发育良好的点砂坝沉积，反映出曲流河沉积的特点。

5. 沉积时间单元沉积相划分

根据区域沉积背景和取心井大量沉积相标志综合分析，B21 断块 Ng_3—Ng_4

沉积单元均属曲流河沉积，依据各沉积时间单元的岩性组合、沉积韵律、砂体形态和厚度、测井曲线特征，以及整个孤岛地区河流沉积体系的展布特点等，将曲流河沉积进一步划分为河床、河床边缘和泛滥平原三个沉积亚相(表 4-7)。

表 4-7　B21 断块 Ng_3—Ng_4 沉积单元沉积亚相划分表

相	亚相	微相
曲流河相	河床亚相	河道滞留沉积
		边滩沉积
	河床边缘亚相	天然堤沉积
		决口扇沉积
	泛滥平原亚相	

6. 沉积相带平面展布

在进行小层对比及划分过程中，依据砂体的高程、旋回性、冲刷面、下切、交织、横向变化、差异压缩、砂体的几何形态和构造 9 个因素，将 B21 断块上 Ng_3—Ng_4 砂层组的 120 余口井划分为四个小层，除 Ng_3^4 划分为一个沉积单元外，Ng_3^3 划分为两个沉积单元，其中 Ng_3^{32} 为主力含油沉积单元；Ng_3^5 划分为三个沉积单元，其中 Ng_3^{52}、Ng_3^{53} 为主力含油沉积单元；Ng_4^2 划分为两个沉积单元，其中 Ng_4^{22} 为主力含油沉积单元。

Ng_4^{22} 沉积单元：河床沉积约占 65%，主要位于断块的中部；河床边缘沉积约占 15%，位于河床沉积的两侧；泛滥平原沉积约占 20%，主要分布于断块的南、北部。河道宽 500～950m，在钻井控制区内河道主要呈北东-南西向展布，河道弯曲度约为 1.2，并具有内弯带较薄、外弯带增厚的特点。

Ng_4^{21} 沉积单元：在目前的钻井控制范围内，河床沉积约占 25%，在断块中部分为两支，但主河道不明显；河床边缘沉积约占 20%；泛滥平原沉积约占 55%。河道宽 165～350m，且呈北东-南西向展布。

Ng_3^{53} 沉积单元：河床沉积约占 25%，且分为西北、东南两支，西北部河道形态在钻井控制区内不明显，东南部河道宽 300m 左右，呈北北东—南南东方向展布，河道弯曲度约为 1.3，并具内弯带薄、外弯带增厚的特点；河床边缘沉积约占 10%，泛滥平原沉积约占 65%，主要分布于断块的中部和东南部，其中河床边缘沉积主要分布于中部，泛滥平原沉积主要分布于东南部。

Ng_3^{52} 沉积单元：Ng_3^{52} 沉积时期继承了 Ng_3^{53} 沉积时期的沉积特征，但河流作用的强度有所减弱，河床沉积仅占 15%左右，亦分为西北、东南两支，西北支河道河床宽约 100m，东南支河道河床宽 300～350m，均呈北东-南西向展布，河道弯曲度为 1.2～2.2，也具有内弯带较薄、外弯带增厚的特点；河床边缘沉积约占

10%，沿河床两侧呈窄条带状分布；泛滥平原沉积占 75%左右，主要分布于断块的北部、中部和东南部。

Ng_3^{51} 沉积单元：该沉积阶段河流作用进一步减弱，断块内以泛滥平原沉积为主，约占 80%；河床和河床边缘沉积分别占 10%左右，河道分布于断块西部边缘，且在目前钻井控制区内主河道不明显。

Ng_3^{4} 沉积单元：与 Ng_3^{51} 沉积阶段相比，断块内该沉积期河流作用强度明显增强，河床沉积可达 30%，河床边缘沉积约占 20%，泛滥平原沉积约占 50%。河道分布于断块中部，呈北东-南西向展布，河床宽 75～600m，弯曲度约为 1.2，内弯带较薄、向外弯带增厚。

Ng_3^{32} 沉积单元：该沉积期河流作用强度进一步增强，由于曲流河的侧向迁移作用，断块内主要为河床沉积，约占断块范围的 80%；河床边缘沉积约占 15%；泛滥平原沉积仅占 5%左右，主要分布在断块的西北和东南。河床宽度为 850～1750m，呈北东-南西向展布，河道弯曲度约为 1.5，内弯带(凹岸)较薄、向外弯带(凸岸)增厚。

综观 B21 断块 Ng_3—Ng_4 七个沉积单元的沉积相带展布特点，可以看出，该区经历了多个河流作用由强到弱、由弱到强的沉积旋回，相应形成了多个河床沉积砂体较发育和泛滥平原泥岩沉积较发育的沉积单元。其中以 Ng_3^{32} 沉积单元河流沉积最为发育，河床沉积占 80%，形成的河道最宽(850～1750m)，砂体厚度最大(一般为 4～12m)；其次为 Ng_4^{22} 沉积单元，河床沉积约占 65%，河道宽度为 500～950m，砂体厚度一般为 4～10m；其他沉积时间单元的河道宽度一般小于 500m，砂体厚度一般为 3～8m，河床砂体大致均呈北东-南西向展布；Ng_3^{51} 沉积单元河流作用最弱，断块内主要分布泛滥平原泥岩沉积。这种沉积相带的纵向和平面演化，导致该区储集层呈现出较强的平面和层间非均质性。

(三)储层特征

1. 岩性特征

综合 B21-4—检 15 井 33 块岩心样品的薄片资料，除 Ng_4^{2} 沉积单元的下部为岩屑长石中细砂岩外，Ng_3—Ng_4 砂岩总体以长石细砂岩为主，并具有结构成熟度和成分成熟度低的特点。据统计(表 4-8)，砂岩中石英占 39.3%～43.0%(平均为 41.2%)，长石占 35.4%～36.4%(平均为 35.9%)，岩屑占 21.0%～24.9%(平均为 22.9%)，且具有下部砂体的石英含量较低、长石与岩屑含量较高，而上部砂体的石英含量较高、长石与岩屑含量较低的特点。砂岩中的岩屑主要为喷出岩岩屑、石英岩岩屑、结晶岩岩屑、动力变质岩岩屑及泥质岩岩屑，可见绿帘石、石榴子石、锆石、榍石、电气石等重矿物。

表 4-8　B21 断块 Ng_3—Ng_4 主要岩性特征表

层位	岩性组合	碎屑成分及含量/%			磨圆程度	分选性	
		石英	长石	岩屑		程度	分选系数
Ng_3^3	粉细砂岩、泥质粉砂岩	42.4	35.4	22.2	次棱角状	好	1.2～1.4
Ng_3^4	粉细砂岩、泥质粉砂岩	43.0	36.0	21.0	次棱角状	中等	1.5～1.9
Ng_3^5	粉细砂岩、不等粒砂岩	40.2	36.4	23.4	次棱角状	中—好	1.2～1.8
Ng_4^2	细砂岩、不等粒砂岩	39.3	35.8	24.9	次棱角状	好	1.2～1.3

砂岩的粒度中值一般为 0.15～0.2mm，最大为 0.22mm，最小为 0.lmm，且具有下部砂体或单砂体中下部岩性较上部岩性粗的正韵律特点，分选系数为 1.2～1.9，分选中—好。碎屑颗粒磨圆度较差，为次棱角状，长石风化程度中等。砂岩的填隙物主要为泥质杂基，含量一般为 6%～8%，呈鳞片-纤维状结构。其次为少量的碳酸盐胶结物，含量一般为 0.4%～0.8%。根据扫描电镜分析，主力油层平均黏土矿物含量一般为 7%～8%，砂岩中黏土矿物的成分以伊利石和伊-蒙混层为主，平均相对含量为 22%～46.9%和 18%～25%，其次为高岭石和绿泥石，平均相对含量为 19.1%～38.5%和 6.3%～14.5%；纵向上，黏土矿物的产状可见薄膜式、栉壳式、孔隙充填式和连接搭桥式等类型，以薄膜式和孔隙充填式最为常见。

2. 孔隙结构特征

1）孔隙类型

岩石薄片鉴定结果表明，该区 Ng_3—Ng_4 储层砂岩的孔隙类型以粒间孔为主，其次为少量的粒内溶孔和微孔隙，孔隙之间流通性较好，面孔率一般为 20%～25%。

2）胶结类型

据薄片鉴定，Ng_3—Ng_4 上部储层岩石骨架多呈线状-点状接触，以孔隙-接触式胶结为主；下部储层岩石骨架多呈点状接触，以接触式胶结为主，砂岩孔隙中的填隙物主要为呈鳞片-纤维状结构的泥质杂基，含量一般为 4%～6%。

3）孔喉结构

据 B21-4—检 15 井 Ng_3—Ng_4 小层总共 7 块岩样的毛管压力分析资料，储层砂岩的平均孔喉半径一般为 15～22μm，平均为 17.48μm，孔喉对渗透率的主要贡献区间一般为 10～40μm（表 4-9）。

3. 储层参数分布

孔隙度：根据各小层单井平均孔隙度统计，Ng_3—Ng_4 各小层单井平均孔隙度变化不大，为 31%～34%，其中以 Ng_3^3 和 Ng_3^5 单井平均孔隙度较大，分别为 32.6%和 32.8%，其他两层在 31%左右。

表 4-9　B21-4—检 15 井储层孔喉半径统计表

层位	样品号	孔隙度/%	渗透率/μm^2	孔喉半径均值/μm	孔喉半径中值/μm	对渗透率主要贡献范围/μm
Ng_3^3	34	45.3	10.145	22.66	20.39	16～63
Ng_3^5	75	36.5	1.701	10.17	7.21	6～40
	94	39.3	5.801	15.42	14.39	10～63
	138	40.3	9.606	22.63	20.66	10～40
	162	41.1	5.828	20.89	19.73	10～40
Ng_4^2	242	34.9	3.939	14.93	16.06	10～40
	257	34.1	3.400	15.68	16.38	10～40

渗透率：根据各小层单井平均渗透率统计，以 Ng_4^2 层单井平均渗透率较高，为 $1290\times10^{-3}\mu m^2$，其次为 Ng_3^3 层，单井平均渗透率为 $1280\times10^{-3}\mu m^2$，其他两层单井平均渗透率小于 $1200\times10^{-3}\mu m^2$。综合各层渗透率最大为 $2300\times10^{-3}\mu m^2$，最小为 $480\times10^{-3}\mu m^2$，一般为 $800\times10^{-3}\sim1500\times10^{-3}\mu m^2$。

研究表明，影响各小层渗透率的主要因素为沉积相带和岩性。沉积相带不仅控制了储层砂体的发育程度和展布方向、范围，也是影响储层物性的最主要因素，不同沉积相带的储层，物性参数差异较大。经对七个沉积单元不同沉积相带单井平均孔隙度和渗透率统计，在同一沉积单元内，河床沉积亚相砂体物性明显好于河床边缘亚相砂体(图 4-9、图 4-10)。

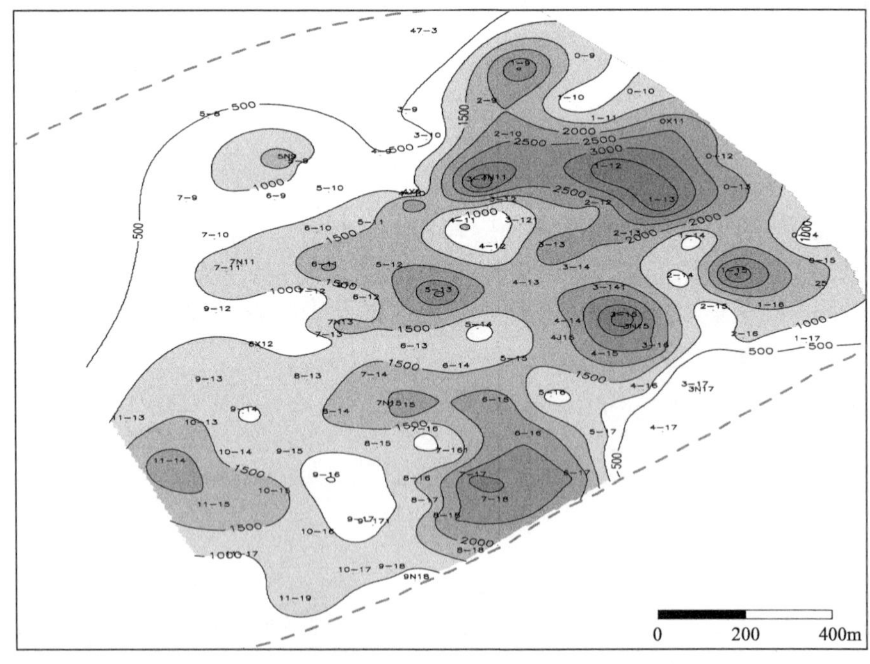

图 4-9　B21 断块 Ng_3^3 渗透率等值线图(单位：$10^{-3}\mu m^2$)

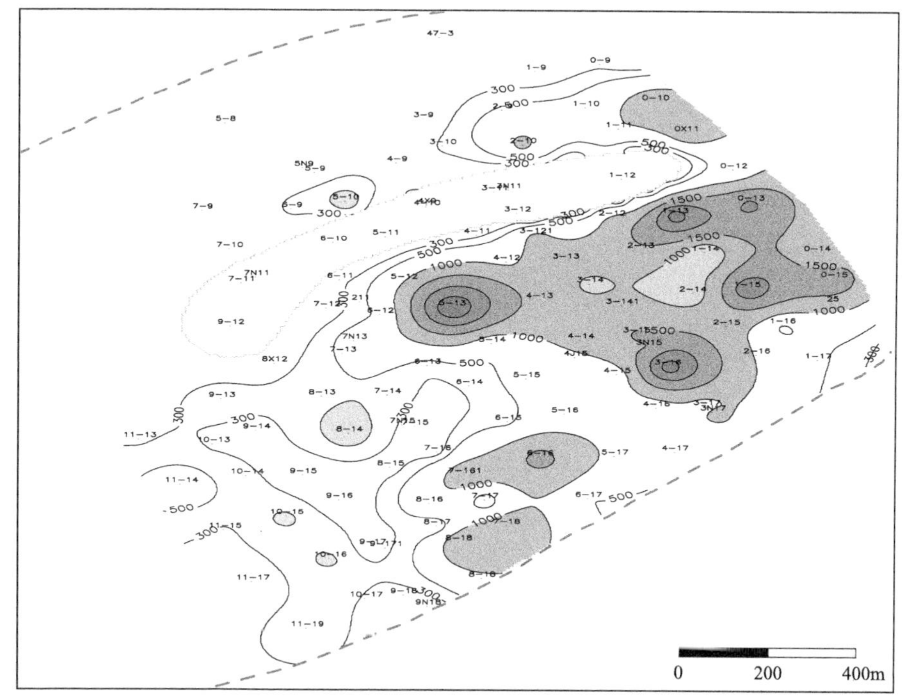

图 4-10　B21 断块 Ng_4^2 渗透率等值线图(单位：$10^{-3}\mu m^2$)

岩性也是影响各小层物性的重要因素，具体表现为孔隙度、渗透率与泥质含量呈明显的负相关性，即泥质含量越高，物性越差；而粒度则与物性之间呈现一定的正相关性，即粒度粗者，物性相对较好。

4. 储层非均质性

油气储集层由于在形成时受沉积环境、成岩作用及构造作用的影响，在空间分布及内部属性上存在不均匀的变化，称为储层的非均质性。

1)平面非均质性

B21 断块油层主要分布于馆陶组上段。除在 Ng_1+Ng_2 砂层组及 Ng_3^1、Ng_3^2 小层有零星的油层分布外，该断块油层主要分布于 Ng_3^3、Ng_3^5 和 Ng_4^2 小层(图 4-11～图 4-14)。

Ng_3^3 油层呈北东-南西向的较宽带状展布。据该块钻遇 Ng_3^3 油层的 99 口井统计，单井平均油层厚度为 9.33m，最厚的 6-10 井为 16.0m，最薄的 2-15 井为 1.0m，一般为 8～10m。油层厚度大于 8.0m 的油层大体沿 1-13—3-14—5-14—7-15—9-15—11-14 井一线为中心分布，向南、北两侧厚度减薄乃至尖灭。

据 Ng_3^3 层解释了有效厚度的 97 口井统计，单井平均有效厚度为 7.75m，最厚的 6-10 井为 13.8m，最薄的 7-13 井为 1.0m，一般为 6～10m。其平面变化趋势与油层厚度变化趋势基本一致。

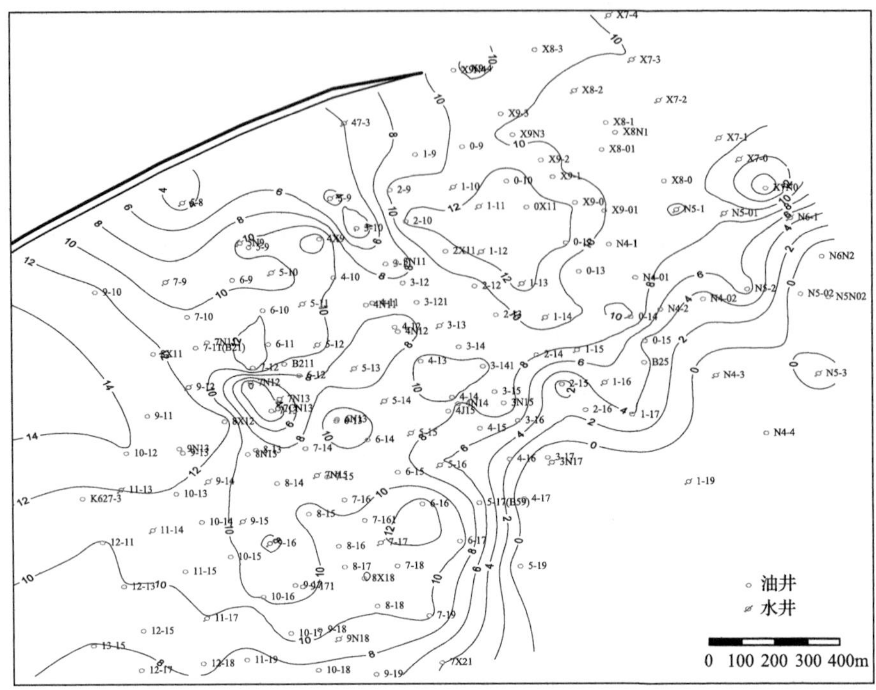

图 4-11　B21 断块 Ng_3^3 砂层厚度等值线图(单位：m)

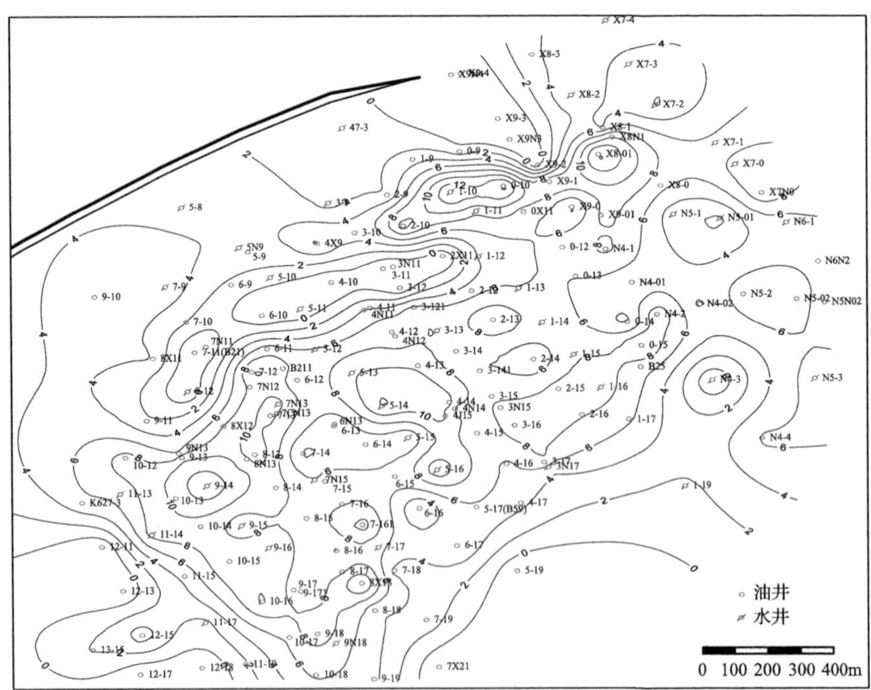

图 4-12　B21 断块 Ng_4^2 砂层厚度等值线图(单位：m)

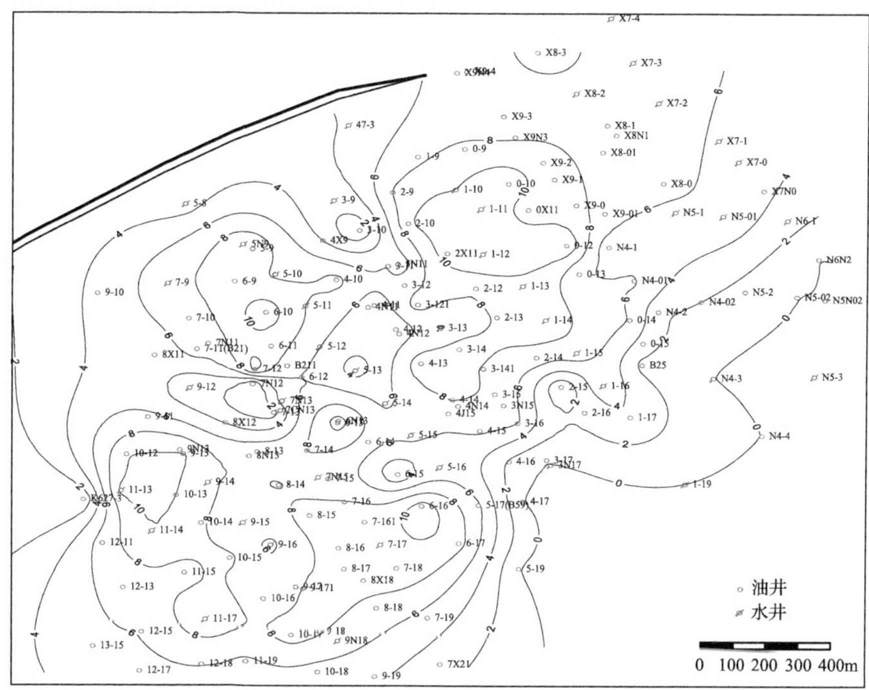

图 4-13 B21 断块 Ng_3^3 有效厚度等值线图(单位：m)

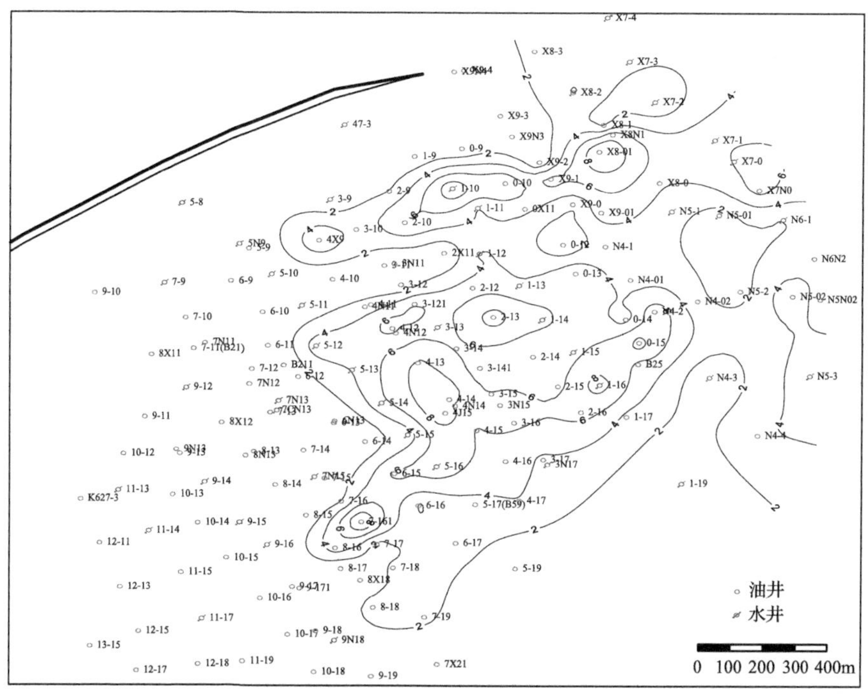

图 4-14 B21 断块 Ng_4^2 有效厚度等值线图(单位：m)

Ng_3^4油层仍呈北东-南西向带状分布。据该块钻遇Ng_3^4油层的52口井统计，单井平均油层厚度为4.84m，最厚的4-10井为10.3m，最薄的3-17井为0.8m，一般为3～7m。厚度大于6.0m的油层主要分布于5-13井区，向南、北厚度减薄至尖灭。

据Ng_3^4解释了有效厚度的42口井统计，单井平均有效厚度为4.6m，最厚的4-10井为9.8m，最薄的9-13井为0.6m，一般为3～6m。其平面变化趋势与油层厚度变化趋势基本一致。

Ng_3^5油层主要沿1-14—3-15—5-15—7-17—9-18井一线和5-8—7-9井一线呈北东-南西向带状分布。据钻遇Ng_3^5油层的52口井统计，单井平均油层厚度为7.5m，最厚的7-17井为16.4m，最薄的10-14井为0.5m，一般为8～14m。

据Ng_3^5层解释了有效厚度的44口井统计，单井平均有效厚度为7.75，最厚的7-17井为15.4m，最薄的4-17井为0.9m，一般为5～10m，其变化趋势与油层厚度变化趋势一致。

Ng_4^2油层分布于1-12—3-11—4-10—5-11—6-10—7-11—9-12井一线两侧，呈北东-南西向展布，东南部发育较好。据钻遇Ng_4^2油层的93口井统计，单井平均油层厚度为6.75m，最厚的1-10井为14.6m，最薄的5-10井和9-17井为0.7m，一般为5～10m。

据该层解释了有效厚度的53口井统计，单井平均有效厚度为5.75m，最大为13m(4-14井)，最小为1.0m(6-12、7-17、8-18井)，一般为4～7m。

2)纵向非均质性

油层内不连续的隔、夹层对流体流动可起到不渗透隔层或极低渗透的高阻层作用，因而对驱油过程影响较大。B21断块Ng_3—Ng_4油层之间可见两种隔、夹层类型，即岩性隔、夹层和物性隔、夹层，岩性隔、夹层的岩性包括泥岩、粉砂质泥岩和泥质粉砂岩，物性隔、夹层的岩性主要为灰质砂岩。

测井解释的95口井中，Ng_3^3与Ng_3^4层间有49口井，由于Ng_3^3或Ng_3^4砂体尖灭、16口井上下两层砂体连通，不发育隔层，其余30口井在Ng_3^3与Ng_3^4层砂体间分布有厚薄不等的隔层，厚度一般为1～3m，平均为2.88m。其中以21-7-15井隔层厚度最大，达8.4m，21-1-13井最小，仅为0.4m。

Ng_3^4与Ng_3^5层间有72口井Ng_3^4或Ng_3^5砂体尖灭，5口井Ng_3^4与Ng_3^5砂体上下连通,另18口井Ng_3^3与Ng_3^4层间发育隔层,最厚处位于21-4-16井,厚15.6m，21-5-14井最薄，为0.4m，一般为3～6m，单井平均为5.75m(图4-12)。

Ng_3^5与Ng_4^2层间有49口井在Ng_3^5与Ng_4^2间有隔层相隔,隔层厚度一般为3～10m，最大厚度可达16.6m(21-11-17井)，单井平均隔层厚度为7.2m(图4-13)。

测井解释结果表明，B21断块Ng_3^3、Ng_3^5、Ng_4^2三个主力油层中，均以物性夹层为主，占80%以上，泥质粉砂岩物性夹层的厚度一般为0.2～2.5m，泥岩、灰质砂岩岩性夹层的厚度一般为 0.3～1.5m，平均每米夹层数为 0.213～0.324，即每 10m 发育 2～3 个夹层，其中以 Ng_4^2 层夹层频率较高，夹层较发育(表 4-10)。

表 4-10　B21 断块 Ng_3—Ng_4 层内夹层统计表

小层号	统计井数	平均砂厚/m	夹层数							
			夹层总数	物性夹层		泥质夹层		灰质砂岩夹层		夹层频率/(个/m)
				个数	比例/%	个数	比例/%	个数	比例/%	
Ng_3^3	51	9.5	106	93	87.7	2	1.9	11	9.4	0.218
Ng_3^5	24	9.2	52	45	86.5	4	7.7	3	5.8	0.213
Ng_4^2	26	7.8	66	56	84.8	7	10.6	3	4.5	0.324

按不同相带储层砂体夹层发育状况统计，河床亚相每米夹层个数为 0.21～0.32，而河床边缘亚相每米夹层个数为 0.4～0.6，即边缘亚相带的夹层数较河床亚相发育，表明边缘亚相带储层砂体较河床亚相带砂体物性更差，层内非均质性更强。

(四)流体性质

B21 断块油层属普通高黏，原油密度和黏度与构造走向趋势大体一致。从东至西地面脱气原油黏度为 2000～5900mPa·s，地下原油黏度为 40～100mPa·s，地面脱气原油密度为 0.981g/cm^3，地下原油密度为 0.955～0.981g/cm^3，含硫量为 2.0%～2.5%，凝固点为–10～5℃(平均为–3.2℃)，初馏点为 150～250℃(平均为 209℃)。

B21 断块 Ng_3—Ng_4 单元地层水以 $NaHCO_3$ 型为主，原始地层水矿化度较低，平均为 4005mg/L，钙、镁离子含量平均为 108mg/L。目前产出水矿化度较高，平均为 6485mg/L，钙、镁离子含量为 140mg/L，目前注入水矿化度为 8893mg/L，钙、镁离子含量为 188mg/L。

(五)地层温度和压力

B21 断块 Ng_3—Ng_4 单元原始地层压力为 12.69MPa，原油饱和压力为 9.28MPa，油藏压力系数为 1.0。原始地层温度为 72℃，油藏为常压、常温系统。

二、水驱开发状况

(一)开发历程

B21 断块于 1975 年 4 月投产，经过 40 多年的开发，经历了天然能量开发、常规水驱、蒸汽吞吐、热水驱+蒸汽吞吐+天然能量、注水开发+蒸汽吞吐五个开发阶段(表 4-11)。

表 4-11 孤岛 B21 断块 Ng_3—Ng_4 单元开发简历表

开发阶段		开发方式				
		天然能量开采	注水开发	蒸汽吞吐	三种复合开发	恢复注水
时间		1975.4～1977.12	1978.1～1996.7	1996.8～2003.3	2003.4～2007.5	2007.6 至目前
阶段末生产情况	总井/口	20	29	88	72	56
	开井/口	9	25	45	40	41
	日产液/t	151	1577	1255	1260	1821
	日产油/t	151	159	246	142	230
	综合含水率/%	0	89.9	80.4	88.8	87.4
	平均液面/m	0	542	715	772	619
	累计产油/10^4t	15.9	94.2	58.7	31.6	22.1
	累计产水/10^4t	0	470.1	237.5	159.6	196.9
	含水上升率	0	7.7	−1.5	2.3	−0.56
	采出程度/%	1.8	10.9	6.77	3.64	2.55

天然能量开发：从 1975 年 4 月至 1977 年 12 月，该阶段历时 2 年 9 个月，不含水，累计产油 15.9×10^4t，阶段采出程度为 1.8%。

注水开发：1978 年 1 月采用 300m 反九点法面积井网投入注水开发，1989 年 11 月井网加密调整为 150m×300m 行列式注水井网，注水开发时，受油稠、地层非均质性严重的影响，水驱效率低，采收率低，阶段末开井 25 口，日产油 159t，综合含水率 89.9%，累计产油 94.2×10^4t，阶段采出程度为 10.9%。

蒸汽吞吐：1995 年 8 月，在进行蒸汽吞吐试验取得明显增产效果的基础上，进行了低效水驱转热采开采调整。在 1995 年 8 月和 1996 年 8 月分两批停注水井，减少日注水量 2530m^3，在原井排之间钻加密调整热采井 44 口，至 1996 年 11 月全面投入蒸汽吞吐开发，生产 6 年 7 个月，阶段累计产油 58.7×10^4t，累计产水 $237.5\times10^4m^3$，累计注汽 17.8×10^4t，注汽产油 34.9×10^4t，吞吐井累计产水 $97.9\times10^4m^3$，油气比 1.957，阶段采出程度为 6.77%，平均采油速度为 1.03%，产液量 297.7×10^4t，回采水率为 5.49，地下亏空达 $279.87\times10^4m^3$，蒸汽吞吐效果较好。由于该阶段采取降压开采，平均压降 4.9MPa，最大压降 5.9MPa，引起套损井增加，共增加套损井 35 口。

热水驱+蒸汽吞吐+天然能量：2003 年 4 月开始在 B21-7-15 井区 7 个井组开展热水驱试验，试验区东部依靠天然能量开发，西部零散井继续采用蒸汽吞吐开采方式。阶段末开井 40 口，日产油 142t，综合含水率 88.8%，累计产油 31.6×10^4t，阶段采出程度为 3.64%。

注水开发+蒸汽吞吐：2007 年 6 月，以地面原油黏度 3000mPa·s 为界限将该单元划分为 2 个区域采取相应的开发措施，其中 1 排、5 排、7 排水井按照反九点法的原则恢复注水，3 排油井按照反九点法的原则转注，9 排、11 排四口水井停注，西部区域采取蒸汽吞吐方式开采。

（二）开发现状

截至 2010 年 10 月底，B21 断块有油井 56 口，开井 41 口，日产液 1821t，日产油 230t，平均单井日产液量 46.1t，单井日产油量 5.8t，综合含水率 87.4%，采出程度为 25.7%。注水井 20 口，开井 11 口，日注水 1016m^3，平均单井注入 92m^3，平均注入压力为 6.7MPa。

（三）开发特征及效果分析

1. 含水上升率

理论含水上升率通过相渗资料可以计算出含水与采出程度，然后计算含水上升率 $m=(f_{w1}-f_{w2})/(R_1-R_2)$。其中，$m$ 为含水上升率（%）；f_{w1} 与 f_{w2} 分别为期初和期末的含水率（%）；R_1 与 R_2 分别为期初和期末的采出程度（%）。含水上升率是指每采出 1%的地质储量含水上升的百分数。含水上升率是评价水驱油田开发特征的重要指标，是油田开发、调整决策的重要依据，油藏工程师普遍采用童氏水驱特征曲线图版，进行油田注水开发效果的评价。B21 断块目前综合含水率 87.4%，含水上升率应该为 0.92%～1.38%，2010 年实际含水上升率为 0.09%，符合单元的含水上升率理论曲线。

2. 水驱指数

B21 断块的理论水驱指数通过相渗资料求得（图 4-15），B21 断块目前的采出程度为 25.7%，根据油藏的注采比为 0.75，理论水驱指数应该在−9.85～−4.87，实际的水驱指数按照公式：（注水量−采出水量）×100%/采油量计算，得出 B21 断块的水驱指数为−1，相对于单元的理论水驱指数曲线要好，但是由于单元注采比一直偏低，使得水驱指数仍处于负水平。

3. 存水率

B21 断块的理论存水率曲线通过相渗资料求得（图 4-16），存水率的计算方法常用以下两种。

方法一：存水量=（累计注入量−累计产水量）×100%/累计注水量。

方法二：存水量=1−含水率/［注采比×（含水+体积系数（1−含水）］。而含水率=$1/[1+U_w/U_o\times K_{ro}(S_w)/K_{rw}(S_w)]$，其中 S_w 为含水饱和度；K_{ro} 和 K_{rw} 分别为油相相对渗透率和水相相对渗透率。

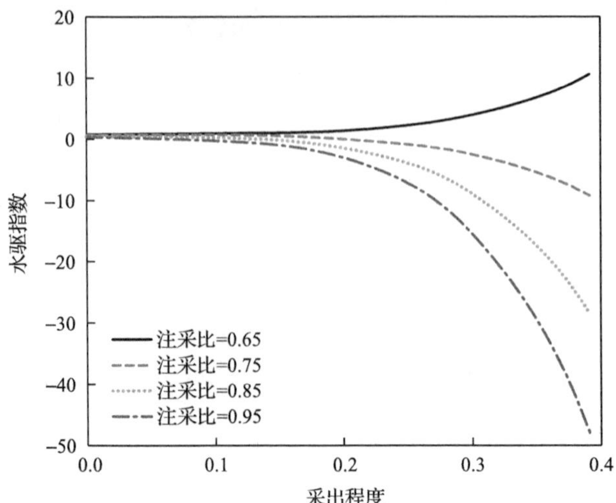

图 4-15　孤岛油田 B21 断块理论水驱指数曲线

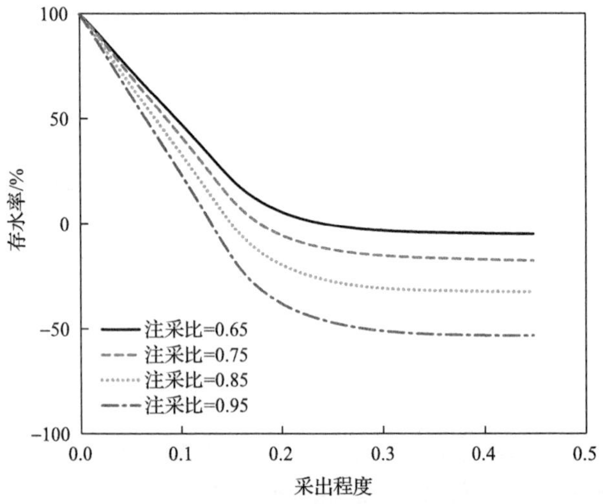

图 4-16　孤岛油田 B21 断块理论存水率曲线

矿场中存水率计算多用开发数据计算，采用方法一，计算得 B21 断块的存水率为–4.0，按照理论曲线，单元的存水率在–30.0～–27.6。存水率低，表明单元整体地层能量得不到及时补充。

4. 注水利用率

注水利用率=阶段采油量/阶段注水量，即

$$W_u = Q_o / Q_i$$

式中，W_u 为注水利用率；Q_o 为阶段采油量，10^4t；Q_i 为阶段注水量，10^4m^3。

根据以上计算方法，B21 断块的注水利用率为 0.12，早期注水阶段的注水利用率为 0.16，随着含水率的上升，注水利用率相对早期是下降的，符合高含水开发后期狭义注水利用率较前期低的开发规律，但是整体注水利用率偏低。

综合上述分析，B21 断块单元注采比低、存水率低、注水利用率低，水驱开发效果较差，需要进一步完善注采井网，改善注水系统，提高单元的注采比和开发效果。

三、剩余油分布研究

1. 油层平面水淹及剩余油分布

储层非均质特性导致平面上的水淹程度和剩余油分布存在一定差异。统计 B21 断块 2010 年 10 月油井动态数据，全区含水率小于 80%的井 16 口，占开井数的 39.0%，主要集中在南部油稠区域、断层附近和局部井网不完善区域；含水在 80%～90%的生产井有 6 口，占 14.6%；含水在 90%～95%的生产井有 9 口，占 22.0%；含水在 95%～98%的生产井有 10 口，占总井数的 24.4%(表 4-12)，油层平面水淹面积较大。

表 4-12　B21 断块生产井含水分级统计表

含水率/%	井数/口	比例/%	平均含水率/%	日产液量/t	日产油量/t
＜80	16	39.0	69.9	30.9	9.3
80～90	6	14.6	84.5	47.8	7.4
90～95	9	22.0	92.9	56.2	4.0
95～98	10	24.4	96.7	57.5	1.9
合计或平均	41	100	86	48.1	5.7

根据储层展布及储量动用状况，计算井组剩余地质储量，目前剩余地质储量大于 50×10^4t 的井组有 6 个，地质储量介于 30×10^4～50×10^4t 的井组有 6 个，地质储量小于 30×10^4t 的井组有 2 个。统计单井累计产油，单井累计产油量大于 5×10^4t 的井只有 6 口，均为老井，有 36 口油井单井累计产油量小于 1×10^4t，仍有较大的增产潜力。

2. 层间剩余油分布

B21 断块 Ng_3—Ng_4 单元纵向上各小层动用状况各不相同(图 4-17)，主力层 Ng_3^3 相对其他层的动用程度高，但由于原始地质储量大，主力层剩余地质储量仍然很大，占单元剩余地质储量的 59.4%，物质基础丰厚，仍是下一步调整的主阵地。其次为 Ng_3^5 和 Ng_4^2，采出程度较低，分别为 21.7%和 19.7%，占总剩余地质储量的 31.4%。

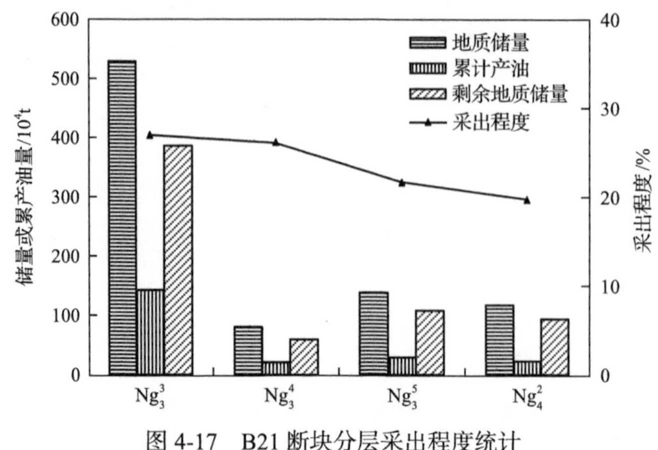

图 4-17　B21 断块分层采出程度统计

利用数值模拟手段，以水驱历史拟合为基础，按现生产制度计算，预测当含水率 98%时，注聚区的累计采油量，得出水驱采收率。各种方法预测结果见表 4-13。

表 4-13　B21 断块注聚区水驱采收率预测对比表

方法	可采储量/10^4t	水驱采收率/%
甲型：$\lg W_p=a+bN_p$	307	36.8
乙型：$\lg L_p=a+bN_p$	295	35.5
丙型：$L_p/N_p=a+bL_p$	305	36.6
水驱数值模拟	294	35.2
平均值	300.25	36.025

注：W_p 为累计产水量，1000m^3；N_p 为累计产油量，1000m^3；L_p 为累计产液量，1000m^3；a、b 均为拟合系数。

由表 4-13 中的计算结果得出，四种预测结果相近，注聚区的水驱最终采收率平均可以达到 36.0%。

四、高黏油藏聚合物驱方案设计

在室内驱油体系研究的基础上，利用数值模拟手段优化了聚合物驱注入方案(图 4-18)。根据数值模拟优化结果，矿场注聚总用量 910PV·mg/L，清水配制母液、污水稀释注入，注入速度为 0.08PV/a，采用二段塞注入方式：0.1PV×2500mg/L+0.35PV×2200mg/L，预测提高采收率 6.3%，增加可采储量 55.5×10^4t。

五、矿场应用效果

B21 断块 2012 年 8 月投注，第一段塞注入 0.113PV 聚合物溶液，注入 290PV·mg/L，目前处于第二段塞的注入阶段。目前已累计注入 1021.1PV·mg/L。

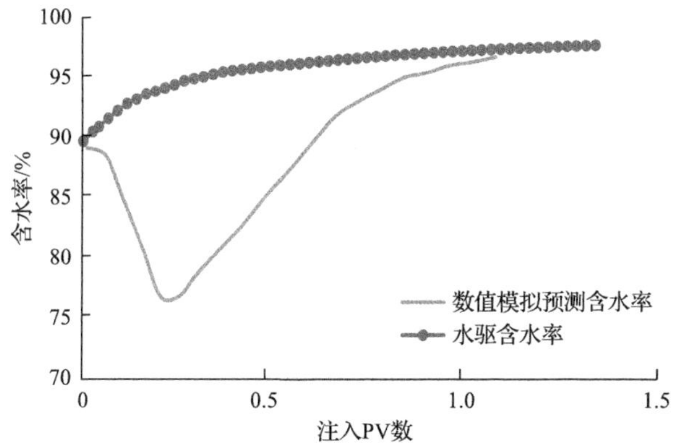

图 4-18　孤岛 B21 断块 Ng_3—Ng_4 聚合物驱含水预测曲线

B21 断块实施聚合物驱后，降水增油效果显著，已经累计增油 44.32×10^4t，已提高采收率 5.04%，预计提高采收率 7.3%，增加可采储量 64.2×10^4t。

(一) 注入压力变化

B21 断块注入聚合物溶液后，油压上升，由注聚前的 9.5MPa 最高上升至 11.7MPa，上升了 2.2MPa(图 4-19)，体现了聚合物溶液注入后，驱替相黏度增大，地层渗流阻力增大，促使后续流体扩大波及范围。

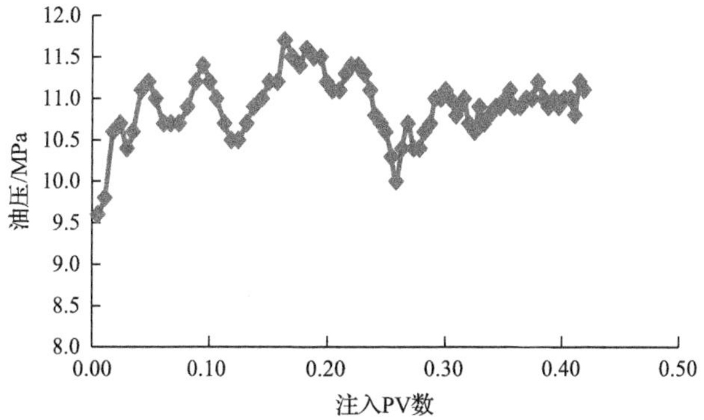

图 4-19　孤岛 B21 断块聚合物驱注入曲线

(二) 生产动态变化

实施聚合物驱之后，B21 断块降水增油效果显著。见效井 59 口，见效率为 83%，平均单井累计增油 7511t。综合含水率由实施前的 89.1%下降到 76.2%，下降了 12.9%，日产油由 285t 上升至 441t，增加了 156t(图 4-20)。

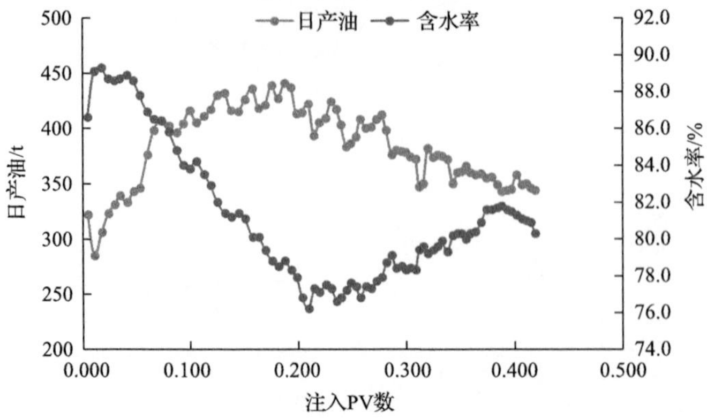

图 4-20　孤岛 B21 断块聚合物驱生产曲线

参 考 文 献

[1] Hoogerbrugge P J, Koelman J. Simulating microscopic hydrodynamic phenomena with dissipative particle dynamics[J]. Europhysics Letters, 2007, 19(3): 155.

[2] Espanol P, Warren P B. Statistical mechanics of dissipative particle dynamics[J]. Europhysics Letters, 1995, 30: 191.

[3] Groot R D, Rabone K L. Mesoscopic simulation of cell membrane damage, morphology change and rupture by nonionic surfactants[J]. Biophysical Journal, 2001, 81(2): 725-736.

[4] 李俊刚. 改变岩石润湿性提高原油采收率机理研究[D]. 大庆: 大庆石油学院, 2006.

[5] 赵福麟. 采油化学[M]. 东营: 石油大学出版社, 1989.

[6] 舒小彬, 刘建成, 韩传见, 等. 储层岩石润湿性对开发的影响[J]. 内蒙古石油化工, 2005, 30(7): 31-33.

[7] 陈蓉, 曲志浩, 赵阳. 油层润湿性研究现状及对采收率的影响[J]. 中国海上油气(地质), 2001, 15(5): 24-27.

[8] 张公社, 汪伟英. pH 改变对岩石表面润湿性的影响[J]. 中国海上油气(地质), 2000, 14(2): 129-131.

[9] 郭肖, 程希, 陈林媛. 润湿性对水驱油藏剩余油饱和度分布的影响[J]. 西南石油大学学报, 1999, 21(4): 4-6.

[10] 吴诗平, 鄢捷年, 赵凤兰. 原油沥青质吸附于沉积对储层岩石润湿性和渗透率的影响[J]. 石油大学学报(自然科学版), 2004, 28(1): 36-40.

[11] 李红, 王培荣, 邓胜华, 等. 非烃化合物引起的润湿性的变化[J]. 石油勘探与开发, 2000, 27(5): 69-71.

[12] 叶仲斌, 杨清彦, 金映辉. 聚丙烯酰胺对砂岩润湿性的影响[J]. 西南石油学院学报, 1999, 21(2): 19-22.

[13] 鞠野. 一元/二元/三元驱油体系微观驱油机理研究[D]. 大庆: 大庆石油学院, 2006.

[14] 贺宏普, 樊社民, 毛中源, 等. 表面活性剂改善低渗透油藏注水开发效果研究[J]. 河南石油, 2006, 20(4): 37-39.

[15] 吴新民, 张宁生. 直流电场对岩心润湿性的影响研究[J]. 西安石油学院学报(自然科学版), 2001, 16(4): 34-36.

[16] 杨玲, 郭福民. 油藏人工振动增产技术室内机理初探[J]. 西北大学学报(自然科学版), 2006, 36(5): 803-806.

[17] 吴江平, 汪伟英, 余丽丽. 注水水质对岩石润湿性的影响[J]. 内蒙古石油化工, 2006, (8): 148-149.

[18] 吴志宏, 牟伯中, 王修林. 油藏润湿性及其测定方法[J]. 油田化学, 2001, 18(1): 90-95.

[19] 王凤清, 姚同玉, 李继山. 润湿性反转剂的微观渗流机理[J]. 石油钻采工艺, 2006, 28(2): 40-42.

[20] 朱丽红, 杜庆龙, 李忠江, 等. 高含水期储集层物性和润湿性变化规律[J]. 石油勘探与开发, 2004, (31): 81-84.

[21] Zana R. Dimeric and oligomeric surfactants. behaviors at interface and in aqueous solution: A review[J]. Advances in Colloid and Interface Science, 2002, 97(1-3): 205.

[22] Chen H, Han L, Luo P, et al. The interfacial tension between oil and gemini surfactant solution[J]. Surface Science, 2004, (552): 153-157.

[23] Pope G A, Weerasooriya U P, Nguyen Q P, et al. Di-functional surfactants for enhanced oil recovery: US874920[P]. 2010.

[24] 刘必心, 王万绪, 陆用海. 离子选择电极法分析非离子/阴离子表面活性剂体系[J]. 日用化学工业, 2008, 38(4): 267-269.

[25] 刘有才, 李丽峰, 钟宏, 等. 聚乙二醇缩水甘油醚类环氧树脂的制备及表征[J]. 广东化工, 2009, 36(5): 21-23.

[26] 卢神州, 李明忠, 刘洋, 等. 聚乙二醇缩水甘油醚对丝素蛋白膜的改性[J]. 高分子材料科学与工程, 2003, (1): 104-107.

[27] 蒋卫和, 屈铠甲, 唐召兰. 1, 2-环己二醇缩水甘油醚的合成[J]. 热固性树脂, 2004, 19(4): 8-9.

[28] 王沛熹. 照相乳剂坚膜剂二甘醇二缩水甘油醚[J]. 感光材料, 1998, (2): 41.

[29] 郭丽梅, 武首香, 姚培正. 孪连阴离子表面活性剂的合成和性能[J]. 精细石油化工, 2006, 23(2): 1-3.

[30] 池田功, 崔正刚. 新型 Gemini 阳离子表面活性剂的合成和性能[J]. 日用化学工业, 2001, (4): 36-38.

[31] 谢红璐, 聂丽, 张强. 两性、双生表面活性剂体系的抗静电性研究[J]. 纺织学报, 2003, 24(1): 61-62.

[32] 徐晓明, 陈良坦, 吴章锋, 等. 联接基长度对 Gemiin 表面活性剂流变性质的影响[J]. 化学通报, 2004, (6): 444-448.

[33] 范欲, 方云. 双亲油基一双亲水基型表面活性剂[J]. 日用化学工业, 2000, (3): 20-24.

[34] Zhang R, Somasundaran P. Advances in surfactants and their mixtures at solid/solution interface[J]. Advances in Colloid and Interfaces Science, 2006, (101): 123-126.

[35] 冯玉军, 孙玉海, 陈志, 等. 双子表面活性剂的应用[J]. 精细与专用化学品, 2006, (14): 12-20.

[36] 李明远, 董朝霞, 纪淑玲, 等. 声波振动与岩石表面润湿性[J]. 石油学报, 1999, 20(6): 57-62.

[37] 张以根，元福卿，郭兰磊，等. 胜利油田聚合物驱矿场效果影响因素研究[J]. 西南石油学院学报, 2001, 23(3): 50-53.

[38] 刘皖露，马德胜，王强，等. 化学驱数值模拟技术[J]. 大庆石油学院学报，2012，36(3): 72-78.

[39] 桑恩典. 聚丙烯酰胺//水溶性高分子[M]. 严瑞萱. 北京: 化学工业出版社, 1998.

[40] 叶仲斌. 提高采收率原理[M]. 北京: 石油工业出版社, 2000.

[41] 徐辉，孙秀芝，韩玉贵，等. 超高分子聚合物性能评价及微观结构研究[J]. 石油钻探技术, 2013, 41(3): 114-118.

[42] 刘洪兵，周正祥，廖广志. 高相对分子质量聚合物驱油效果影响因素分析[J]. 大庆石油地质与开发, 2002, 21(6): 48-50.

[43] 韩玉贵. 耐温抗盐驱油用化学剂研究进展[J]. 西南石油大学学报(自然科学版)，2011，33(3): 149-153.

[44] 岳湘安，张立娟，刘中春，等. 聚合物溶液在油藏孔隙中的流动及微观驱油机理[J]. 油气地质与采收率, 2002, 9(6): 4-6.

[45] 王德民. 强化采油方面的一些新进展[J]. 大庆石油学院学报, 2010, 34(5): 19-26.

[46] 张瑞，叶仲斌，罗平亚. 原子力显微镜在聚合物溶液结构研究中的应用[J]. 电子显微镜学报, 2010, 34(5): 475-480.

[47] 徐佩弦. 高聚物流变学及其应用[M]. 北京: 化学工业出版社, 2003.

[48] 程杰成，沈兴海，袁士义，等. 新型梳形抗盐聚合物的流变性[J]. 高分子材料科学与工程, 2004, 20(4): 119-121.

[49] 吴其晔，巫静安. 高分子材料流变学[M]. 北京: 高等教育出版社, 2002.

[50] 夏惠芬，王德民，刘仲春，等. 黏弹性聚合物溶液提高微观驱油效率的机理研究[J]. 石油学报, 2001, 22(4): 60-65.

[51] 王德民，程杰成，杨清彦. 黏弹性聚合物溶液能够提高岩心的微观驱油效率[J]. 石油学报, 2000, 21(9): 45-51.

[52] 夏惠芬，张九然，刘松原. 聚丙烯酰胺溶液的黏弹性及影响因素[J]. 大庆石油学院学报, 2011, 35(1): 37-40.

[53] Xia H F, Wang D M, Wu J Z, et al. Elasticity of HPAM solutions increases displacement efficiency under mixed wetta-bility conditions[C]//SPE Asia Pacific Oil and Gas Conference and Exhibition, Perth, 2004.

[54] 夏惠芬，王德民，王刚，等. 聚合物溶液在驱油过程中对盲端类残余油的弹性作用[J]. 石油学报, 2006, 27(2): 60-65.

[55] 张立娟，岳湘安，任国友，等. 黏弹性聚合物溶液在油藏盲端孔隙中的流动特性[J]. 石油勘探与开发, 2004, 31(5): 105-108.

[56] 马广彦. 聚丙烯酰胺驱替中的黏弹效应和油藏压力分布[J]. 油田化学, 1996, 13(4): 353-356.

[57] 赵丰, 杜玉扣, 李兴长, 等. 水解聚丙烯酰胺黏弹性的研究[J]. 物理化学学报, 2004, 20(11): 1385-138.

[58] 张九然. 聚合物在多孔介质中的流变性研究[D]. 大庆: 东北石油大学, 2012.

[59] 宋新旺. 多孔介质中聚丙烯酰胺溶液流变性研究[J]. 油气地质与采收率, 2002, 9(3): 13-15.

[60] 朱怀江, 罗健辉, 孙尚如, 等. 两种新型驱油聚合物在多孔介质中的黏弹性[J]. 油田化学, 2006, 23(1): 63-67.

[61] 陈铁龙, 蒲万芬, 彭克宗, 等. 聚丙烯酰胺溶液的地下流变特征[J]. 西南石油学院学报, 1997, 19(3): 28-34.